3d Print Creator

Salvatore Del Vecchio

Stampa 3d da principianti a esperti

Crea e guadagna con la stampa tridimensionale

Sommario

Prefazione

La vita è fatta di momenti inaspettati, e talvolta le circostanze più sfavorevoli possono dar vita a nuove opportunità. È in una situazione simile che ho scoperto la stampa 3D, un mondo che mi ha completamente affascinato e trasformato la vita.

Durante il lockdown a causa della pandemia, come molti, mi sono ritrovato con molto tempo libero e senza sapere come impiegarlo. In un pomeriggio noioso, mi sono imbattuto in un video su YouTube che parlava delle stampanti 3D. Quel singolo video ha acceso in me una scintilla di curiosità e interesse che non avrei mai immaginato.

Dopo aver visto quel video, ho deciso di acquistare la mia prima stampante 3D e iniziare a sperimentarla con le prime stampe. Presto mi sono appassionato alla creazione di statuette di supereroi e ho iniziato a venderle su eBay. A poco a poco, quello che era iniziato come un semplice hobby è diventato un vero e proprio business in crescita.
Ho aperto la Partita Iva e la mia attività si è espansa: oggi gestisco uno store su eBay, su Etsy e collaboro con numerosi artisti, fornendo loro creazioni su commissione che vengono esposte in prestigiose gallerie d'arte in tutto il mondo. La passione per la stampa 3D si è trasformata in un lavoro a tempo pieno e attualmente posseggo ben 10 stampanti che lavorano incessantemente.

Questo libro nasce per raccontare e condividere conoscenze e esperienze accumulate lungo il cammino. Il mio obiettivo è quello di ispirare e incoraggiare chiunque abbia una passione o un interesse per questa tecnologia rivoluzionaria a intraprendere il proprio percorso e scoprire le infinite possibilità che la stampa 3D offre.
Nelle pagine seguenti, troverete consigli pratici e lezioni apprese nel corso degli anni. Spero che sia per voi la stessa fonte di ispirazione che quel video su YouTube è stato per me tre anni fa, e che possa aiutarvi a realizzare i vostri sogni nel fantastico mondo della stampa 3D.

Buona lettura.

Salvatore Del Vecchio

Introduzione al libro

Se stai per leggere queste pagine, probabilmente hai appena acquistato una stampante 3D e sei interessato a conoscere ed imparare le basi di questo affascinante e straordinario mondo.
La stampa 3D è una tecnologia rivoluzionaria e complessa, ma con la giusta formazione e conoscenza, si possono creare oggetti unici e persino guadagnare attraverso la vendita delle proprie creazioni. Il processo di stampa richiede un'attenta pianificazione: scelta del modello di stampante da comprare, il materiale da utilizzare, la configurazione della stampante, la preparazione del modello per la stampa, i settaggi dello slicing, la stampa vera e propria e infine la finitura del modello.

In questo libro, esploreremo le basi della stampa 3D e come questa tecnologia stia cambiando il modo in cui pensiamo alla produzione e realizzazione di oggetti.
Spazieremo dallo studio dei diversi modelli e tecnologie di stampanti in circolazione, fino ad arrivare a tutti i possibili modi per realizzare un'ulteriore entrata economica grazie alle nostre stampanti.

Nei prossimi capitoli esploreremo le diverse tecnologie che le stampanti 3d utilizzano per creare l'oggetto finale. Ad esempio, le FDM che utilizzano un filamento di plastica che viene fuso e poi depositato strato per strato utilizzando una testina di stampa mobile. Le SLA che utilizzano un laser UV per indurire una resina liquida e le stampanti SLS che utilizzano un laser per fondere una polvere.

Parleremo dei diversi materiali che possono essere utilizzati per creare gli oggetti. Passeremo dai materiali più comuni alla portata di tutti come la plastica e resina, fino ai materiali più tecnici, che però hanno bisogno di stampanti più professionali, come metallo e ceramica.

Caro lettore spero che a fine lettura, tu possa muoverti sempre più agevolmente nel mondo della stampa 3D, e possa dare sfogo alla creatività realizzando i progetti più avvincenti.

Introduzione alla stampa 3d

Il libro che stai per leggere ha come simbolo di copertina la famosa barchetta **Benchy**, il modello più popolare tra quelli utilizzati per testare la qualità di stampa delle stampanti 3D. La barchetta Benchy è un modello di stampa ampiamente diffuso e utilizzato in tutto il mondo, grazie alla sua capacità di verificare la qualità della stampante 3D nella produzione di oggetti con forme complesse e con superfici lisce. Questo modello è diventato così popolare che molti lo considerano **un simbolo della stampa 3D**. Ecco perché la barchetta di prova Benchy è stata scelta come icona della copertina di questo libro, che esplora l'evoluzione e le applicazioni della stampa 3D.

La stampa 3D è una tecnologia relativamente nuova ma in rapida evoluzione che ha rivoluzionato il modo in cui le cose vengono progettate e prodotte. In breve, è una tecnologia di produzione additiva che consente di creare oggetti tridimensionali a partire da un modello digitale. Per produzione additiva si intende un processo di fabbricazione in cui gli oggetti vengono creati aggiungendo materiale strato dopo strato fino a raggiungere la forma desiderata.

Tutto ciò si pone in contrasto con i metodi di produzione tradizionali, come la fresatura o la tornitura, dove l'oggetto viene creato rimuovendo il materiale da un blocco grezzo, ma offre diversi vantaggi tra cui la possibilità di creare oggetti complessi e personalizzati con facilità, la riduzione dello spreco di materiale e la possibilità di creare parti leggere ma resistenti.

La tecnologia è stata sviluppata per la prima volta negli anni '80, ma è stata solo negli ultimi anni che ha iniziato a ricevere l'attenzione del pubblico e avere un impatto significativo sull'industria.
Tra gli impatti più significativi vi sono: la prototipazione rapida, la produzione personalizzata e di parti di ricambio. Ciò ha reso la tecnologia accessibile anche a chiunque abbia una stampante a casa propria.

Il loro funzionamento concettualmente è simile alle stampanti tradizionali, ma invece di stampare immagini su carta, esse stampano oggetti fisici in tre dimensioni. La tecnologia utilizza un modello digitale come input e poi suddivide il modello in strati sottili, che vengono quindi stampati uno sopra l'altro fino a creare l'oggetto finale.

La stampa 3D offre diversi vantaggi rispetto ai metodi di produzione tradizionali. Uno dei più significativi è la possibilità di creare oggetti complessi e personalizzati con grande facilità. Infatti è possibile creare oggetti con geometrie complesse che sarebbero difficili, se non impossibili, da creare con metodi di produzione tradizionali.
Essa consente inoltre, consente di produrre pezzi in serie limitate in modo efficiente ed economico, il che rende la produzione personalizzata più accessibile. Questo è particolarmente importante in settori come la medicina, dove la produzione di protesi personalizzate e di dispositivi medici può fare la differenza nella vita dei pazienti.

La stampa 3D può anche ridurre lo spreco di materiale, poiché gli oggetti vengono creati solo aggiungendo materiale laddove è necessario. Ciò consente di ridurre i costi di produzione rendendola più sostenibile.

Infine, offre una maggiore flessibilità e velocità di produzione rispetto ai metodi tradizionali, poiché si possono creare oggetti complessi in un'unica operazione. Inoltre, la possibilità di apportare modifiche al modello digitale in qualsiasi momento consente di risparmiare tempo e denaro nella fase di prototipazione.

Nonostante il suo potenziale, la stampa 3D presenta ancora alcune sfide, come il costo delle stampanti e dei materiali, la necessità di una formazione specializzata, limitazioni nella dimensione e precisione degli oggetti stampati. Tuttavia, ci si aspetta che la tecnologia continui a evolversi e migliorare nel tempo, aprendo nuove possibilità e applicazioni.

Capitolo 1

Cenni storici

"La stampa 3D ci invita a riflettere sulla natura stessa della creatività e dell'innovazione, sulle sfide e le opportunità che ne derivano e sulla responsabilità che abbiamo nel plasmare il mondo che ci circonda."

La storia della stampa 3D è un viaggio affascinante e avvincente che ci porta a scoprire le radici di questa tecnologia che sta rivoluzionando il modo in cui produciamo e creiamo oggetti.

La si può dividere in diverse fasi, ognuna delle quali ha protagonisti ben specifici che vediamo in seguito:

Nascita concetto di stampa 3d. Hideo Kodama 1981
La prima persona documentata che aprì al concetto di stampa 3d fu un ingegnere giapponese di nome Hideo Kodama nei primi anni '80. Kodama depositò un brevetto di una tecnologia basata sulla polimerizzazione laser, che è stata una delle prime invenzioni a utilizzare il concetto di stampa tridimensionale.

La tecnologia di Kodama utilizzava una resina liquida che veniva indurita da un raggio laser. Quest'ultimo, strato dopo strato, creava oggetti tridimensionali. Tuttavia, a causa della mancanza di risorse finanziarie e di interesse commerciale, la tecnologia di Kodama non ebbe un grande impatto sull'industria della stampa 3D.

Stereolitografia (SLA). Charles Hull 1984
Il vero pioniere della stampa 3d fu Charles Hull, un ingegnere americano, che inventò la stereolitografia (SLA), un metodo di produzione di oggetti a partire da un modello tridimensionale digitale.

Questo processo è ancora oggi alla base della maggior parte dei processi di stampa 3D.

Tecnologia FDM. Scott Crump 1988
La vera rivoluzione che portò alla commercializzazione su larga scala delle stampanti 3D, fu l'invenzione e la deposizione del brevetto della tecnologia Fused Deposition Modeling (FDM) nel 1989.
L'FDM è una tecnologia di stampa 3D che utilizza un filamento di materiale termoplastico per produrre oggetti a partire da un modello tridimensionale digitale. Fu inventata e brevettata nel 1989 da Scott Crump, fondatore dell'azienda Stratasys, una delle principali società di stampa 3D al mondo.

La storia del brevetto FDM è interessante perché rappresenta uno dei primi approcci che hanno dato vita all'industria della stampa 3D moderna. Scott Crump, infatti, ha avuto l'idea di utilizzare un filamento di plastica termoplastica per creare oggetti tridimensionali, sfruttando il principio della deposizione di filamenti fusi.

Crump ha lavorato per diversi anni alla messa a punto della tecnologia FDM, realizzando i primi prototipi nel suo garage di casa. Nel 1988 ha fondato Stratasys con l'obiettivo di commercializzare la sua invenzione, e l'anno successivo ha depositato il brevetto per la tecnologia FDM.

Questo ha permesso a Stratasys di diventare uno dei principali attori dell'industria della stampa 3D, producendo macchine e materiali innovativi per la produzione di oggetti tridimensionali. Nel corso degli anni, Stratasys ha sviluppato nuove tecnologie basate sul principio del FDM, come il PolyJet, che combina la stampa 3D con l'iniezione di materiali a base di resina.

Fusione selettiva laser (SLS). Carl Deckard 1989
Carl Deckard è stato un ingegnere statunitense che ha rivoluzionato il mondo della produzione con la sua invenzione della stampa 3D a fusione selettiva laser (SLS). Questa nuova tecnologia ha aperto la strada alla produzione di parti e componenti utilizzando una vasta gamma di materiali, inclusi polimeri, metalli e ceramica.

L'SLS utilizza un raggio laser per fondere e solidificare polveri di materiale, creando oggetti tridimensionali a partire da un modello digitale. La tecnologia è stata inventata da Deckard nel 1989, mentre era uno studente di ingegneria meccanica presso l'Università del Texas ad Austin.

Il primo prototipo della stampante 3D SLS di Deckard era fatto in casa e aveva una superficie di costruzione di soli 2,5 cm x 2,5 cm. Tuttavia, Deckard ha continuato a lavorare sulla tecnologia, perfezionando il processo e creando una stampante 3D commerciale nel 1992.

La tecnologia SLS ha avuto un impatto significativo sull'industria della produzione, poiché ha permesso di produrre parti e componenti utilizzando una vasta gamma di materiali di più alta qualità e resistenti. In particolare, la tecnologia SLS è stata utilizzata per produrre parti per l'industria aerospaziale, la medicina, l'automotive e la moda.
Alla fine, la sua azienda è stata acquisita dalla società di Chuck Hall, 3D Systems, nel 2001.

Stampa 3d accessibile a tutti. Progetto RepRap 2005
Negli ultimi anni, la stampa 3D è diventata sempre più economica e accessibile a tutti. Di tutti fattori che hanno contribuito a questo cambiamento, il più determinate è stato la nascita del progetto RepRap nel 2005.

Il progetto RepRap (Replicating Rapid Prototyper) è stato avviato da un gruppo di appassionati del settore con l'obiettivo di creare una stampante 3D open-source. L'idea alla base del progetto era quella di creare una stampante che potesse replicare se stessa, utilizzando materiali facilmente reperibili sul mercato.

Il primo prototipo di stampante 3D RepRap fu presentato nel 2008, e da allora il progetto ha continuato a svilupparsi e a evolversi, dando vita a diverse varianti di stampanti senza brevetti. Oggi, il progetto ha una vasta comunità di utenti e sviluppatori che condividono idee, progetti e risorse per migliorare questa tecnologia.

Il progetto RepRap ha avuto un grande impatto sulla stampa 3D, poiché ha contribuito a rendere la tecnologia più accessibile e diffusa. Grazie ad esso, infatti, molte persone sono state in grado di costruire la propria stampante 3D a basso costo, utilizzando materiali facilmente reperibili e seguendo le istruzioni fornite dalla comunità online.

Inoltre, ha aperto la strada alla nascita di una vasta comunità di appassionati e sviluppatori, che continuano a sviluppare e migliorare la tecnologia in modo collaborativo e condiviso.

Aumento esponenziale della popolarità. Giorni nostri

Altri fattori che hanno contribuito alla popolarità della stampa 3d sono: la riduzione dei costi delle macchine, l'aumento della disponibilità dei materiali e lo sviluppo di tecnologie più semplici e intuitive da utilizzare.

Fino a pochi anni fa, le stampanti 3D erano costose e complesse da utilizzare, e quindi accessibili solo ad aziende e laboratori di ricerca che potevano contare su risorse finanziarie importanti. Tuttavia, la situazione è cambiata con l'entrata di nuovi produttori sul mercato, che hanno introdotto macchine economiche e facili da utilizzare. Oggi, è possibile acquistare una stampante 3D per meno di 200€, rendendo la tecnologia accessibile alla maggior parte degli appassionati e utenti domestici.

Un altro fattore che ha reso la stampa 3D più accessibile è stata l'aumentata disponibilità dei materiali. Fino a poco tempo fa, i materiali disponibili erano limitati e costosi. Tuttavia, oggi è possibile stampare con una vasta gamma di materiali, tra cui plastica, metallo, ceramica, cibo e tessuti biologici. Tutto ciò ha aperto la porta a molte nuove applicazioni, tra cui la produzione di prototipi, la produzione di parti e componenti per l'industria, la moda e l'arte.

Infine, lo sviluppo di tecnologie più semplici e intuitive da utilizzare ha contribuito a rendere la stampa 3D più accessibile a tutti. Oggi, molte stampanti sono dotate di software semplici e intuitivi che rendono facile la creazione di modelli tridimensionali. Inoltre, molti produttori offrono tutorial online e risorse gratuite per aiutare gli utenti a imparare a utilizzare la tecnologia.

Siti di condivisione file open sorce pronti da stampare.
Siti web come **Thingiverse** sono stati un fattore chiave nell'aumentare la popolarità della stampa 3D. Thingiverse è stato lanciato nel 2008 da MakerBot Industries, con l'obiettivo di creare una comunità online di appassionati, dove gli utenti potessero condividere idee, progetti e modelli 3D già pronti per la stampa.

Il sito web è stato un successo immediato, e oggi conta milioni di utenti in tutto il mondo. Thingiverse offre una vasta gamma di modelli 3D gratuiti, che gli utenti possono scaricare e utilizzare per creare oggetti con la propria stampante direttamente a casa propria.

Thingiverse e altri siti simili tipo **MyMiniFactory** e **Cults** hanno contribuito a rendere la stampa 3D più praticabile e popolare. Grazie a questi siti web, gli utenti possono accedere a una vasta gamma di modelli 3D di alta qualità, senza doverli creare da zero. Questo ha reso tutto più facile e accessibile a un pubblico più ampio, compresi gli utenti meno esperti.

Inoltre, questi siti hanno permesso la creazione di una vasta comunità online di appassionati della stampa 3D, che condividendo idee, progetti e risorse rende il settore più collaborativo e condiviso, con utenti che si aiutano a vicenda per risolvere problemi e migliorare la tecnologia.

In conclusione, queste piattaforme hanno avuto un grande impatto sulla stampa 3D, contribuendo a rendere la tecnologia più accessibile, popolare e collaborativa.

Capitolo 2

Tipologie di stampanti 3d

"La stampa 3D ci ricorda che non c'è limite alla nostra immaginazione, e che la tecnologia è solo uno strumento per realizzare ciò che ci prefiggiamo."

Ci sono diverse tipologie di stampanti 3D, ognuna delle quali ha caratteristiche e vantaggi specifici. La scelta della stampante dipende dalle esigenze dell'utente, dal budget e dalle applicazioni previste per l'oggetto prodotto. Tuttavia, tutte le tipologie di stampanti sono in grado di produrre oggetti tridimensionali con una risoluzione elevata e un grado di dettaglio elevato.

2.1 Fused Deposition Modeling (FDM)

La tecnologia Fused Deposition Modeling (FDM) è la tipologia di stampante 3D più comune e popolare. Utilizza un filamento di materiale termoplastico che viene fuso e depositato strato su strato per creare oggetti tridimensionali. Questo processo è controllato da un software che trasforma il modello digitale in un oggetto fisico.

Questa stampante è costituita da un estrusore che fonde un filamento di plastica avvolto in una bobina sottovuoto e da un piano di stampa (Bad) che muove l'oggetto durante il processo di stampa. L'estrusore spinge il filamento attraverso una testina di stampa, che lo deposita sulla piattaforma di stampa strato per strato, seguendo le istruzioni del software.

La tecnologia FDM offre numerosi vantaggi. Innanzitutto, le stampanti sono economiche e facili da utilizzare, il che le rende accessibili anche agli utenti meno esperti. Inoltre, utilizza una vasta gamma di materiali termoplastici, tra cui ABS, PLA, Nylon, PETG e altri, offrendo molte opzioni per la produzione di oggetti tridimensionali.

Questa tecnologia offre anche una buona risoluzione, consentendo di produrre oggetti con dettagli precisi e superfici lisce. Tuttavia, la risoluzione dipende dalla dimensione del filamento utilizzato e dalla testina di stampa, che possono limitare la precisione dell'oggetto prodotto rispetto ad altre tecnologie come la Stereolitografia (SLA) e la Sinterizzazione Laser Selettiva (SLS), il che significa che non è l'opzione più adatta per la produzione di design complessi o parti con dettagli piccoli ed elaborati.

Altri svantaggi possono essere problemi di adesione del filamento al piano di stampa, soprattutto se l'oggetto è grande o complesso. Inoltre, il processo di stampa FDM è relativamente lento, soprattutto se si utilizzano materiali con una temperatura di fusione elevata.

Componenti principali della stampante
- Estrusore:

questo componente è costituito da una testina di stampa e un motore che spinge il filamento in un ugello, chiamato Nozzle, riscaldato ad una temperatura cha parte dai 190° celsius in su. Nel paragrafo successivo, fornirò maggiori dettagli sul nozzle.

- Piano di stampa (Bad):

È la superficie su cui viene costruito l'oggetto tridimensionale e deve essere solido, stabile, piatto e perfettamente livellato per garantire una stampa uniforme e precisa. Il Bad può essere fisso o mobile, in quest'ultimo caso il movimento è in Y o Z sul piano cartesiano.

- Motore passo-passo:

questo componente permette il movimento nei 3 piani cartesiani X/Y/Z del piatto e della testina di stampa.

- Controllo della temperatura (Termistore):

il controllo della temperatura è necessario per fondere il filamento e garantire la qualità dell'oggetto prodotto. La temperatura può essere controllata attraverso un riscaldatore, un termometro e un sistema di raffreddamento.

Inoltre, molte stampanti 3D FDM possono essere dotate di ulteriori componenti opzionali, come un sistema di ventilazione, un sensore di livellamento e un pannello di controllo per una maggiore personalizzazione e controllo del processo di stampa.

Nozzle (ugello)
Il nozzle è una delle parti più importanti della stampante 3D in quanto determina il diametro del filamento che esce dalla testa di stampa. I nozzle sono commercializzati in vari materiali, a seconda delle esigenze del progetto. Ad esempio, i nozzle in ottone sono i più comuni e si adattano bene alla stampa di materiali come PLA, ABS e PETG. Tuttavia, se si desidera stampare con materiali che necessitano alte temperature di estrusione, come il Nylon o il PEEK, è necessario utilizzare nozzle in acciaio inossidabile o in rame.

Inoltre, esistono anche nozzle in materiali più tecnici: come il carburo di tungsteno o il rubino, che sono particolarmente adatti per la stampa di materiali abrasivi come la fibra di carbonio. In ogni caso, scegliere il nozzle giusto è fondamentale per ottenere i migliori risultati di stampa.

Diametri del Nozzle

Le diverse dimensioni del nozzle, o ugello, nella stampa 3D hanno un impatto significativo sulla qualità e sui tempi di realizzazione degli oggetti stampati. I diametri più comuni variano tra 0,2 mm e 1,2 mm, con 0,4 mm e 0,6 mm tra i più utilizzati. Un ugello di diametro più piccolo, come 0,4 mm, permette di ottenere una maggiore risoluzione e dettaglio nell'oggetto stampato, grazie alla capacità di depositare strati di materiale più sottili. Tuttavia, ciò comporta tempi di stampa più lunghi, poiché è necessario un maggior numero di passaggi per completare l'oggetto.

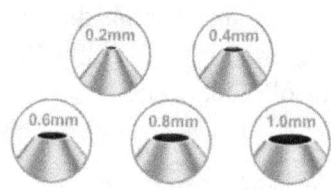

D'altro canto, un ugello di diametro più ampio, come 0,8 mm, permette di ridurre notevolmente i tempi di stampa, in quanto consente di depositare strati di materiale più spessi e coprire una superficie maggiore in meno tempo. Tuttavia, la risoluzione e il dettaglio dell'oggetto stampato potrebbero risultare inferiori rispetto a quelli ottenuti con un ugello più piccolo. Gli ugelli di dimensioni intermedie, come 0,6 mm, offrono un compromesso tra velocità e risoluzione, risultando adatti per una vasta gamma di applicazioni.

La scelta del diametro del nozzle dipende dalle esigenze specifiche del progetto e dall'effetto desiderato. Per oggetti che richiedono alta precisione e dettagli fini, come gioielli o miniature, un ugello più piccolo è la scelta migliore. Al contrario, per oggetti più grandi e meno dettagliati, dove ridurre i tempi di stampa è priorità, un ugello più ampio potrebbe essere più adatto. Normalmente le stampanti 3D consumer più diffuse sul mercato sono dotate di nozzle con un diametro di 0,4 millimetri, il che consente di ottenere un buon equilibrio tra velocità di stampa e dettaglio. Tuttavia, in base alle specifiche esigenze di progetto, è possibile sostituire il nozzle con uno di diametro diverso.

Inoltre, il diametro del nozzle influisce anche sulla resistenza dell'oggetto stampato. Strati più spessi, ottenuti con ugelli di diametro maggiore, tendono a garantire una maggiore adesione tra gli strati, aumentando la resistenza meccanica dell'oggetto. Tuttavia, questo potrebbe comportare una minore precisione nelle geometrie sottili e complesse.

Infine, è importante notare che il diametro del nozzle va abbinato correttamente con l'altezza degli strati per ottenere i migliori risultati. In generale, si consiglia di utilizzare un'altezza dello strato non superiore a circa l'80% del diametro dell'ugello.

Bowden e Direct
Le FDM possono essere suddivise in due tipi principali in base al sistema di estrusione utilizzato: Bowden e Direct. Entrambi i sistemi hanno i loro vantaggi e svantaggi, e la scelta tra i due dipende dalle esigenze specifiche dell'utente.

Le stampanti FDM con estrusione Bowden utilizzano un tubo in PTFE per guidare il filamento dal motore di estrusione, che è posizionato lontano dal nozzle, fino all'ugello stesso. Questa configurazione rende la testina di stampa più leggera, consentendo velocità di stampa più elevate e una maggiore precisione, in particolare su movimenti veloci e complessi. Tuttavia, a causa della distanza tra il motore di estrusione e il nozzle, le stampanti Bowden possono essere meno adatte per materiali flessibili come il TPU, poiché il filamento può comprimersi o deformarsi nel tubo, causando problemi di estrusione.

Quelle con estrusore Direct, invece, posizionano il motore di estrusione direttamente sulla testina di stampa, vicino al nozzle. Questa configurazione offre un controllo più preciso e affidabile dell'estrusione del filamento, rendendo più semplice la stampa con materiali flessibili e riducendo problemi come il "stringing" (filamenti sottili tra le parti stampate). Tuttavia, la testina di stampa più pesante può limitare le velocità di stampa e influire sulla qualità delle stampe su movimenti veloci o su oggetti con molti dettagli fini.

Tipologie di stampanti
Le stampanti FDM si differenziano tra loro in base alla loro architettura di movimentazione:

- **Cartesiane**:

Questa è la tipologia più comune di stampanti FDM. Si basano su un sistema di movimentazione a tre assi ortogonali (X, Y, Z) in cui il piano di stampa si muove solo lungo l'asse Z, mentre la testina di stampa si muove lungo gli assi X e Y per creare l'oggetto tridimensionale.

- **Core XY**:

Queste stampanti si basano su un sistema di movimentazione a quattro assi in cui la piattaforma di stampa si solleva in Z, mentre la testina di stampa si muove lungo gli assi X e Y tramite un sistema di pulegge. In questo modo, si possono ottenere maggiori velocità e precisione di stampa rispetto alle stampanti cartesiane.

- **Delta**:

Queste si basano su un sistema di movimentazione a tre bracci che si muovono lungo gli assi X, Y e Z per creare l'oggetto tridimensionale. Sono note per la loro velocità di stampa e la capacità di stampare oggetti tridimensionali di grandi dimensioni.

- **Polar**:

Le Polar si basano su un sistema di movimentazione a due bracci che si muovono in modo coordinato per creare l'oggetto tridimensionale. La testina di stampa viene solitamente posizionata al centro della piattaforma di stampa, e i due bracci si muovono in modo rotatorio per spostare la testina di stampa lungo gli assi X, Y e Z.

In generale, le cartesiane sono le più commercializzate sul mercato, mentre Core XY, Delta e soprattutto le Polar sono meno comuni, ma possono offrire alcune funzionalità e prestazioni migliori rispetto alle cartesiane. La scelta della tipologia di dipenderà dalle esigenze dell'utente, dalle specifiche del progetto e dal budget disponibile.

FDM o FFF?

Vi starete chiedendo perché le stampanti FDM sono a volte chiamate anche Fused Filament Fabrication (FFF). In effetti, potrebbe capitare di imbattersi in entrambe le terminologie durante la ricerca di una stampante 3D.

Le tecnologie di stampa FDM e FFF sono tecnicamente la stessa cosa, la differenza sta nella nomenclatura: FDM è un marchio registrato da Stratasys, mentre FFF è un termine di dominio pubblico.

Quindi, perché usare due nomi diversi per la stessa tecnologia di stampa? La ragione risiede nella proprietà del marchio. Stratasys ha ottenuto il brevetto per la tecnologia FDM e ha il diritto esclusivo di utilizzare il termine per descrivere la propria tecnologia di stampa 3D. Al contrario, il termine FFF è stato utilizzato da RepRap, il progetto open-source di cui parlavamo nel paragrafo recedente.

Poiché il termine FDM è un marchio registrato e protetto, altre aziende che utilizzano la stessa tecnologia di stampa devono trovare un'altra terminologia per descrivere il proprio prodotto. Ecco perché è diventato comune utilizzare il termine FFF per indicare le stampanti 3D che utilizzano la tecnologia di fusione di filamenti, senza violare il marchio registrato FDM di Stratasys.

2.2 Stampanti a stereolitografia (SLA)

Le stampanti 3D a Stereolitografia (SLA) vengono utilizzate specialmente quando si tratta di produzione di parti di alta qualità. La tecnologia SLA utilizza una fonte di luce laser o UV per indurire uno strato di resina liquida fotosensibile su un piano di lavoro. Questo processo viene ripetuto strato su strato fino a quando l'oggetto tridimensionale è stato completamente creato.

Il processo di stampa inizia con la creazione di un file CAD dell'oggetto che si vuole stampare. Questo file viene quindi caricato nel software di slicing, che suddivide l'oggetto in strati orizzontali, determinando la posizione del piano di lavoro e la direzione della fonte di luce. La resina liquida viene quindi versata nella vaschetta di stampa, e il processo di stampa inizia.

La fonte di luce laser o UV viene indirizzata verso la superficie della resina liquida, che si indurisce e solidifica solo nella zona in cui la luce colpisce. Una volta che lo strato è stato indurito, il piano di lavoro si alza leggermente e il processo viene ripetuto per il nuovo strato. Il processo di indurimento e solidificazione viene ripetuto fino a quando l'oggetto tridimensionale è stato completamente creato.

Sono particolarmente adatte per la stampa di parti con dettagli estremamente precisi e superfici lisce. Grazie alla loro capacità di produrre parti di alta qualità, sono ampiamente utilizzate in settori come la produzione di gioielli e di parti per dispositivi medici.

Esistono diverse opzioni di materiali disponibili per le stampanti 3D SLA, tra cui resine acriliche, epossidiche, poliestere e a base di poliuretano. Ogni materiale ha proprietà uniche e può essere utilizzato per creare parti con proprietà fisiche specifiche, come la flessibilità, la trasparenza o la resistenza ai raggi UV.

Componenti principali della stampante
Le stampanti SLA sono composte da diverse parti e componenti, ognuno dei quali svolge un ruolo specifico nel processo di stampa. Ecco alcuni dei componenti principali di una stampante 3D SLA:

- Vasca di stampa:

La vasca di stampa è il contenitore in cui viene versata la resina liquida fotosensibile. La vasca è solitamente realizzata in materiale trasparente, in modo da permettere alla luce laser o UV di attraversarla e indurire la resina liquida.

- Piano di lavoro:
Il piano di lavoro è la piattaforma su cui viene posizionata la vasca di stampa. Il piano di lavoro si muove in modo preciso e controllato durante il processo di stampa, in modo da consentire alla fonte di luce laser o UV di indurire la resina liquida in modo accurato.

- Fonte di luce:
La fonte di luce è il laser o la lampada UV utilizzata per indurire la resina liquida. La fonte di luce viene controllata dal software di stampa, che determina la posizione e l'intensità della luce in base al modello 3D che si sta stampando.

- Specchio galvanometrico:
Lo specchio galvanometrico è un componente che si trova all'interno della testina di stampa e viene utilizzato per dirigere la luce laser o UV verso la posizione corretta sulla vasca di stampa.

- Testina di stampa:
La testina di stampa è la parte della stampante che contiene lo specchio galvanometrico e la fonte di luce laser o UV. La testina di stampa si muove in modo preciso e controllato lungo gli assi X, Y e Z, in modo da consentire alla luce di indurire la resina liquida in modo accurato.

- Resina liquida fotosensibile:
La resina liquida fotosensibile è il materiale di stampa utilizzato. La resina liquida viene versata nella vasca di stampa e indurita strato per strato dalla fonte di luce laser o UV.

Processi di post produzione obbligatori
A differenza delle stampanti FDM, quelle SLA richiedono processi post-produzione più specifici e accurati per ottenere un risultato finale di alta qualità. Questo perché la resina liquida fotosensibile utilizzata

dalle stampanti SLA è generalmente più delicata e meno resistente rispetto ai materiali utilizzati dalle stampanti FDM, come il PLA o l'ABS.

Infatti, dopo aver stampato un oggetto è necessario effettuare alcuni processi di post-produzione per ottenere un risultato finale di alta qualità.

Ecco alcuni dei processi obbligatori di post-produzione per le stampanti SLA:

- **Rimozione del supporto:**
Quando si stampa un oggetto, può essere necessario utilizzare del materiale di supporto per evitare si deformi durante il processo di stampa. Dopo la stampa, il materiale di supporto deve essere rimosso manualmente. Questo può essere fatto utilizzando attrezzi come pinzette o un taglierino.

- **Pulizia:**
La resina liquida fotosensibile utilizzata è generalmente molto appiccicosa e può lasciare residui sulla superficie dell'oggetto. La pulizia dell'oggetto con un solvente come l'alcool isopropilico può rimuovere questi residui e migliorare la finitura superficiale.

- **Essiccazione:**
Dopo la pulizia, l'oggetto deve essere essiccato accuratamente prima di poter essere utilizzato. L'essiccazione può essere fatta a temperatura ambiente o utilizzando un forno a bassa temperatura.

Inoltre, le stampanti richiedono anche una maggiore attenzione alla sicurezza, poiché la resina liquida fotosensibile può essere tossica se non viene gestita correttamente. Per questo motivo è doveroso l'uso di guanti, maschere e occhiali protettivi durante il processo di stampa e di post-produzione.

Tipologie di stampanti

In seguito vengono riportate alcune delle tipologie di stampanti 3D SLA più comuni:

- A **fascio di luce**:
Questa tipologia di stampante utilizza un fascio di luce laser o UV per indurire la resina liquida strato per strato. La testina di stampa si muove lungo gli assi X, Y e Z, in modo da consentire alla luce di indurire la resina liquida in modo accurato.

- A **maschera digitale**:
Questa tipologia di stampante utilizza una maschera digitale per controllare la posizione della fonte di luce. La maschera digitale è costituita da un array di pixel, ognuno dei quali può essere acceso o spento in modo indipendente per controllare la posizione della luce.

- A **proiezione**:
Questa tipologia di stampante utilizza un proiettore DLP (Digital Light Processing) per proiettare un'immagine 2D della sezione trasversale dell'oggetto sulla vasca di stampa. La luce proiettata indurisce la resina liquida solo nelle aree in cui è presente l'immagine proiettata, creando l'oggetto strato per strato.

- A **polimerizzazione in fase solida**:
Questa tipologia di stampante utilizza un processo di polimerizzazione in fase solida per creare l'oggetto tridimensionale. La resina liquida viene miscelata con una sostanza fotosensibile che si solidifica quando viene esposta alla luce UV.

- A **microstereolitografia**:
Questa tipologia di stampante utilizza un processo di microstereolitografia per creare oggetti tridimensionali di dimensioni molto piccole. La testina di stampa utilizza un microscopio per controllare la posizione della luce laser o UV e indurire la resina liquida strato per strato.

2.3 Stampanti a sinterizzazione Laser Selettiva (SLS)

Le stampanti 3D a Sinterizzazione Laser Selettiva (SLS) hanno la capacità di creare oggetti tridimensionali ad alta precisione e dettaglio utilizzando una vasta gamma di materiali, inclusi quelli resistenti ad alte temperature e agenti chimici.

Questa tecnologia si basa sulla sinterizzazione delle polveri di materiale attraverso l'utilizzo di un laser o di un fascio di elettroni.
La stampante 3D quindi distribuisce uniformemente una sottile strato di polvere di materiale sulla superficie della vasca di stampa, successivamente utilizza un laser o un fascio di elettroni per sinterizzare le particelle di polvere di materiale presenti nella sezione trasversale dell'oggetto. Il laser o il fascio di elettroni crea un'alta concentrazione di calore che fonde e salda insieme le particelle di polvere di materiale, creando la sezione trasversale dell'oggetto.

Dopo che la prima sezione trasversale dell'oggetto è stata sinterizzata, la vasca di stampa si abbassa di una piccola quantità e viene distribuita un altro sottile strato di polvere di materiale sulla sezione trasversale precedentemente creata. Il processo viene ripetuto strato per strato fino a quando l'oggetto tridimensionale è completamente creato.

Dopo la stampa, l'oggetto tridimensionale viene rimosso dalla vasca di stampa e la polvere di materiale in eccesso viene rimossa dall'oggetto. A differenza delle FDM o SLA, le stampanti SLS <u>non richiedono supporti di stampa</u> perché l'oggetto viene supportato dalla polvere di materiale circostante durante il processo di stampa.

Ci sono diverse tipologie di stampanti SLS, ognuna delle quali utilizza una tecnologia diversa per creare oggetti tridimensionali.

Tipologie di stampanti
Ecco alcune delle tipologie di SLS più comuni:

- **A laser CO2:**

Questa tipologia utilizza un laser CO2 per fondere polveri di materiale in un'unica sezione trasversale dell'oggetto. La vasca di stampa viene sollevata di una piccola quantità e la polvere di materiale viene ricoperta sulla sezione trasversale successiva, creando l'oggetto strato per strato.

- **A fibra**:

Questa tipologia utilizza un laser a fibra per fondere le polveri di materiale e creare l'oggetto tridimensionale. Questo tipo di stampante è particolarmente adatto per la creazione di oggetti di dimensioni medio-piccole con dettagli fini.

- **A stampo:**

Questa tipologia utilizza un processo di sinterizzazione di materiale in cui la polvere di materiale viene compressa in uno stampo per creare l'oggetto tridimensionale. Il processo di sinterizzazione viene eseguito utilizzando un laser o un'energia di riscaldamento.

- **A elettroni:**

Questa tipologia utilizza un fascio di elettroni al posto del laser per sinterizzare le polveri di materiale. Questo tipo di stampante è particolarmente adatto per la creazione di oggetti in materiali come il titanio o l'argento.

2.4 Stampanti Digital Light Processing (DLP)

Le stampanti 3D DLP (Digital Light Processing) si basano sulla polimerizzazione di una resina liquida fotosensibile utilizzando un proiettore DLP.

Il proiettore DLP utilizza un'immagine 2D della sezione trasversale dell'oggetto per proiettare la luce UV sulla resina liquida fotosensibile, che si solidifica nelle aree in cui viene colpita dalla luce.

Dopo che la prima sezione trasversale dell'oggetto è stata solidificata, il piano di stampa si alza di una piccola quantità e viene distribuito un altro sottile strato di resina liquida fotosensibile sulla sezione trasversale precedentemente solidificata. Il processo viene ripetuto strato per strato fino a quando l'oggetto tridimensionale è completamente creato.

Dopo la stampa, l'oggetto tridimensionale viene rimosso dalla vasca di stampa e la resina liquida in eccesso viene rimossa dall'oggetto. La stampa DLP richiede una fase di post-trattamento dell'oggetto per rimuovere eventuali residui di resina liquida e per solidificare completamente la resina.

Capitolo 3

Materiali utilizzati

"La stampa 3D rappresenta una nuova frontiera nella produzione di oggetti e ci spinge a considerare come le tecnologie emergenti possano trasformare le nostre vite e la nostra società."

La stampa 3D è una tecnologia versatile che consente la produzione di oggetti tridimensionali utilizzando una vasta gamma di materiali. I materiali utilizzati variano in termini di resistenza, flessibilità, trasparenza e durata, ma soprattutto in base a quale tecnologia di stampante 3D viene utilizzata (FDM, SLA, SLS). In questo capitolo, esploreremo i materiali più comuni utilizzati nella stampa 3D e le loro caratteristiche principali.

3.1 Materiali per stampante FDM

In questo paragrafo, esploreremo i materiali più comuni utilizzati nelle stampanti FDM e le loro caratteristiche principali.

- **PLA** (acido polilattico)

Il PLA è il materiale più comune utilizzato nelle stampanti FDM. Si tratta di un materiale biodegradabile, costituito da materie prime naturali come l'amido di mais, la canna da zucchero e la patata dolce. Il PLA è facile da stampare e offre una buona qualità di stampa. Questo materiale è disponibile in una vasta gamma di colori e ha un basso punto di fusione, il che lo rende ideale per la stampa 3D su macchine con temperature di estrusione basse. Tuttavia, il PLA è meno resistente di altri materiali e può deformarsi a temperature elevate.

- **ABS** (acrilonitrile-butadiene-stirene)

L'ABS è un altro materiale comunemente utilizzato nelle stampanti FDM. Si tratta di un materiale termoplastico resistente e leggero, utilizzato spesso in applicazioni industriali. L'ABS è più resistente del PLA, ma richiede temperature elevate per la stampa. Inoltre, può emettere fumi tossici durante la stampa, il che richiede l'utilizzo di attrezzature di sicurezza. Tuttavia, offre una maggiore resistenza all'impatto e alla deformazione rispetto al PLA.

- **PETG** (glicole di etilene-polietilene tereftalato)

Il PETG è un materiale simile al PET, utilizzato spesso per la produzione di bottiglie e contenitori. Il PETG è un materiale trasparente, resistente e facile da stampare. Offre una buona resistenza agli urti e alla deformazione e ha un basso punto di fusione, il che lo rende facile da stampare su macchine a bassa temperatura.

- **Nylon**

Il nylon è un materiale termoplastico resistente e flessibile. È utilizzato spesso in applicazioni industriali per la produzione di parti funzionali come ingranaggi, cerniere e supporti. Il nylon è resistente alla deformazione e all'usura, ma richiede temperature elevate per la stampa. Inoltre, richiede un'attenzione particolare alla temperatura di stampa, in quanto la temperatura eccessivamente elevata può causare il danneggiamento del materiale.

- **TPU** (poliuretano termoplastico)

Il TPU è un materiale elastico e flessibile, utilizzato spesso nella produzione di oggetti che richiedono una certa flessibilità, come i gusci protettivi per cellulari e gadget elettronici. Il TPU è resistente all'abrasione e offre una buona resistenza agli urti. Tuttavia, richiede temperature di estrusione relativamente basse e può essere difficoltoso da stampare a causa della sua flessibilità.

- **HIPS** (polistirene ad alto impatto)
L'HIPS è un materiale utilizzato spesso come supporto durante la stampa 3D. Si tratta di un materiale simile al polistirolo, ma più resistente agli urti. L'HIPS è facile da stampare e può essere utilizzato come supporto per la stampa di oggetti complessi. Tuttavia, l'HIPS richiede un solvente specifico per la rimozione, il che può essere costoso.

- **PVA** (alcol polivinilico)
Il PVA è un materiale solubile in acqua utilizzato come supporto durante la stampa 3D. Si tratta di un materiale facile da stampare, ma richiede una stampante 3D con doppia estrusione. Il PVA si dissolve completamente in acqua, il che lo rende ideale come supporto per la stampa di oggetti complessi. Tuttavia, è costoso e richiede attenzione durante la conservazione, in quanto può deteriorarsi se esposto all'umidità.

- **CPE** (copoliester)
Il CPE è un materiale simile al PETG, utilizzato spesso per la produzione di parti funzionali come ingranaggi e supporti. Il CPE è resistente agli urti, alla deformazione e all'abrasione, ed è facile da stampare. Tuttavia, il CPE richiede temperature di estrusione elevate e può essere difficile da stampare a causa della sua adesione al piano di lavoro.

3.2 Materiali per stampante SLA

In questo paragrafo, esploreremo i materiali più comuni utilizzati nelle stampanti SLA e le loro caratteristiche principali.

- **Resina acrilica**

La resina acrilica è il materiale più comunemente utilizzato nelle stampanti SLA. Si tratta di una resina fotosensibile che indurisce quando viene esposta alla luce UV. La resina acrilica offre una qualità di stampa elevata e una maggiore resistenza rispetto ai materiali utilizzati nelle stampanti FDM. Inoltre, la resina acrilica offre una vasta gamma di colori e finiture, tra cui opaco, trasparente e lucido.

- **Resina epossidica**

La resina epossidica offre una qualità di stampa elevata e una maggiore resistenza rispetto ai materiali utilizzati nelle stampanti FDM. Inoltre, la resina epossidica offre una maggiore resistenza alla deformazione rispetto alla resina acrilica. Tuttavia, la resina epossidica è più costosa e richiede più attenzione durante la stampa.

- **Resina di silicio**

La resina di silicio è un materiale elastico utilizzato spesso nella produzione di oggetti flessibili come i gusci protettivi per cellulari e gadget elettronici. La resina di silicio offre una buona resistenza all'abrasione e alla deformazione e può essere utilizzata per la produzione di oggetti che richiedono una certa flessibilità. Tuttavia, la resina di silicio è meno resistente rispetto ad altri materiali e richiede attenzione durante la stampa.

- **Resina ceramica**

La resina ceramica è un materiale relativamente nuovo utilizzato nella stampa 3D. La resina ceramica offre una vasta gamma di colori e texture, e può essere utilizzata per la produzione di oggetti decorativi e di design. Tuttavia, la resina ceramica richiede attrezzature specializzate e può essere costosa.

- **Resina metallica**

La resina metallica è un'altra tecnologia relativamente nuova utilizzata nella stampa 3D. La resina metallica offre la possibilità di produrre oggetti tridimensionali in metallo, senza la necessità di attrezzature specializzate per la fusione del metallo. Tuttavia, la resina metallica è costosa e richiede attenzione durante la stampa.

3.3 Materiali per stampante SLS

In questo paragrafo, esploreremo i materiali più comuni utilizzati nelle stampanti SLS e le loro caratteristiche principali.

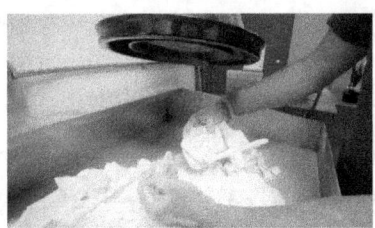

- **Poliammide**

La poliammide, o nylon, è il materiale più comune utilizzato nelle stampanti SLS. Si tratta di un materiale resistente e flessibile, utilizzato spesso nella produzione di parti funzionali come ingranaggi, cerniere e supporti. La poliammide offre una maggiore resistenza all'impatto e alla deformazione rispetto ad altri materiali utilizzati nelle stampanti 3D. Inoltre, la poliammide offre una vasta gamma di colori e finiture.

- **Polipropilene**

Il polipropilene è un materiale termoplastico utilizzato spesso nella produzione di contenitori e oggetti per uso quotidiano. Il polipropilene offre una buona resistenza agli urti e alla deformazione e può essere utilizzato per la produzione di oggetti funzionali. Tuttavia, il polipropilene è meno resistente rispetto ad altri materiali e richiede attenzione durante la stampa.

- **PAEK** (poliariletere chetonico)

Il PAEK è un materiale termoplastico resistente, utilizzato spesso in applicazioni industriali come il settore aerospaziale e automobilistico. Il PAEK offre una maggiore resistenza alle alte temperature e alle sostanze chimiche rispetto ad altri materiali utilizzati nelle stampanti 3D. Tuttavia, il PAEK è costoso e richiede attenzione durante la stampa.

- **Metalli**

Le stampanti SLS possono anche utilizzare la tecnologia del metallo sinterizzato, che permette di produrre oggetti tridimensionali in metallo. I materiali metallici utilizzati includono acciaio inossidabile, titanio e leghe. La stampa in metallo richiede attrezzature specializzate e può essere costosa. Tuttavia, la stampa in metallo offre una vasta gamma di applicazioni, dal settore aerospaziale alla medicina.

La scelta del materiale dipende dal tipo di oggetto da produrre e dalle sue caratteristiche; l'importante è seguire le istruzioni del produttore per l'utilizzo corretto del materiale e i settaggi giusti per la stampante.

3.4 Materiali per stampante DLP

Per quanto riguarda i materiali utilizzati nelle stampanti DLP (Digital Light Processing), essi sono simili a quelli utilizzati nella tecnologia SLA.

Tuttavia, ci possono essere alcune differenze nelle proprietà delle resine utilizzate nelle due tecnologie. Ad esempio, le resine utilizzate nelle stampanti DLP possono avere una maggiore viscosità rispetto alle resine utilizzate nelle stampanti SLA. Inoltre, le resine utilizzate nelle stampanti DLP possono richiedere temperature di stampa leggermente diverse rispetto alle resine utilizzate nelle stampanti SLA.

Capitolo 4

Software di progettazione

"La stampa 3D ci insegna che l'arte della creazione non è solo questione di talento, ma anche di conoscenza e di utilizzo delle giuste tecnologie."

Per ottenere un oggetto finale stampato con una stampante 3D, è necessario attraversare alcune fasi che coinvolgono l'uso di diversi tipi di software.

La prima fase consiste nella progettazione del disegno del pezzo utilizzando il software di progettazione 3D. In questa fase, il designer crea il modello tridimensionale utilizzando le funzionalità del software, come ad esempio la creazione di forme geometriche, la modifica di solide e la creazione di superfici.

Una volta che il disegno è stato realizzato, si passa alla fase di preparazione del modello per la stampa 3D utilizzando un software di **slicing**. In questa fase, il software di slicing converte il modello tridimensionale in un file di stampa che può essere letto dalla stampante 3D. Esso gestisce anche le impostazioni di stampa, come la velocità, la temperatura della stampante e la densità del riempimento.

Dopo aver preparato il modello per la stampa 3D utilizzando il software di slicing, si passa alla fase di stampa vera e propria. In questa fase, il modello viene stampato utilizzando la stampante 3D, che segue le istruzioni fornite dal file di stampa in estensione **G-CODE** creato dal software di slicing. Durante la stampa, la stampante 3D deposita lo strato di materiale sulla piattaforma di stampa, seguendo le istruzioni fornite scritte nel g-code.

4.1 Software di modellazione 3d

In questo paragrafo parleremo in modo generale dei software di modellazione 3D più popolari utilizzati nella stampa 3D. Questi software offrono una vasta gamma di strumenti per la creazione di modelli 3D.

Uno dei più popolari per la modellazione 3D è **Tinkercad**. Questo software è particolarmente adatto per i principianti, in quanto è facile da usare e ha un'interfaccia intuitiva. Tinkercad offre numerosi strumenti, come la creazione di forme geometriche di base, la creazione di modelli a partire da immagini e la modifica di modelli esistenti.

Un altro software molto utilizzato è **Fusion 360**. Questo software è un po' più complesso di Tinkercad, ma offre molte più funzionalità avanzate. Lo utilizzano principalmente ingegneri e progettisti professionisti, poiché consente di creare modelli 3D complessi e di effettuare simulazioni avanzate.

SketchUp è un altro software utilizzato principalmente nell'architettura e nel design di interni. Offre strumenti avanzati per la creazione di modelli 3D, come la modellazione a mano libera e la modellazione di dettagli complessi.

Inoltre, esistono anche software di modellazione 3D open source, come **Blender** e **OpenSCAD**, che offrono strumenti di modellazione avanzati e funzionalità di scripting, il tutto completamente gratuito.

4.2 Software di slicing

Il processo di slicing è un passaggio fondamentale nella preparazione dei modelli 3D per la stampa 3D. Una volta che il modello è stato creato con un software di modellazione, è necessario prepararlo per la stampa 3D. Ciò significa che il modello deve essere convertito in un formato che la stampante 3D possa elaborare e stampare. Questo processo è chiamato slicing.

Durante questo processo, il software di slicing suddivide il modello 3D in strati sottili, che verranno poi stampati uno sopra l'altro. Questo permette di regolare vari parametri di stampa, come la velocità di stampa, la temperatura della stampante e la densità del riempimento. Inoltre, permette di aggiungere i supporti necessari per sostenere il modello durante la stampa, come ad esempio i supporti a ponte o i supporti di tipo a griglia.

Una volta che il processo di slicing è terminato, il software genera un file di G-code. Il file di G-code è un linguaggio di programmazione utilizzato per controllare la stampante 3D durante la stampa. Questo file contiene tutte le informazioni necessarie per la stampa, come ad esempio la velocità di stampa, la temperatura della stampante e la posizione dei supporti.

Grazie ai software di slicing, è possibile convertire un modello 3D in un formato che la stampante 3D possa capire e stampare. Il file di G-code generato dal software di slicing contiene tutte le informazioni necessarie per la stampa, consentendo alla stampante 3D di creare l'oggetto finale con precisione e accuratezza.

Software di slicing più famosi per la stampa 3D.

Tra i software di slicing più famosi in circolazione troviamo Cura, Simplify3D e PrusaSlicer.

Cura è un software di slicing open source sviluppato da Ultimaker, un produttore di stampanti 3D. È compatibile con la maggior parte delle stampanti e offre numerose funzionalità avanzate.

Tra le funzionalità più interessanti di Cura troviamo la gestione dei supporti, la regolazione delle impostazioni di stampa e la possibilità di modificare il modello prima della stampa. La gestione dei supporti permette di aggiungere supporti alla stampa in modo da sostenere le parti del modello che non possono essere stampate in sospensione. Ciò garantisce una migliore qualità di stampa e una maggiore precisione.
La regolazione delle impostazioni di stampa consente di controllare vari parametri di stampa.

Cura offre anche la possibilità di modificare il modello prima della stampa, grazie alla presenza di una serie di strumenti di modifica. Ad esempio, è possibile ruotare il modello, spostarlo o ridimensionarlo, in modo da adattarlo alle esigenze della stampa.
Inoltre, Cura offre anche una funzione di simulazione della stampa, che consente di verificare la stampa prima di effettuare la stampa effettiva. Questa funzione è particolarmente utile per verificare che il modello sia stato correttamente preparato per la stampa e che non vi siano problemi di collisione o di aderenza.

Cura è stato sviluppato per essere facile da usare anche per i principianti, grazie alla presenza di un'interfaccia intuitiva e di una vasta gamma di strumenti di modellazione 3D. Tuttavia, offre anche molte funzionalità avanzate per i professionisti e la possibilità di utilizzare diversi profili di stampa in base alle esigenze.

Simplify3D è un software di slicing commerciale sviluppato appositamente per la stampa 3D. È considerato uno dei software di slicing più avanzati e precisi in circolazione e viene utilizzato principalmente dagli utenti professionali.
Tra le funzionalità più interessanti di Simplify3D troviamo, la gestione dei supporti avanzata e la simulazione della stampa, la possibilità di gestire più stampanti contemporaneamente consente di gestire più

stampanti 3D contemporaneamente, senza dover cambiare il software di slicing.

La gestione dei supporti avanzata consente di gestire i supporti in modo più preciso e personalizzato rispetto agli altri software di slicing. Questo è particolarmente utile per i modelli complessi, che richiedono un supporto personalizzato per ottenere la massima qualità di stampa. La simulazione della stampa consente di verificare la stampa prima di effettuare la stampa effettiva. Questa funzione è particolarmente utile per verificare che il modello sia stato correttamente preparato per la stampa e che non vi siano problemi di collisione o di aderenza. La simulazione della stampa consente di individuare eventuali problemi prima della stampa effettiva, risparmiando tempo e materiale.

Simplify3D offre anche la possibilità di modificare il modello prima della stampa, grazie alla presenza di una serie di strumenti di modifica. Ad esempio, è possibile ruotare il modello, spostarlo o ridimensionarlo, in modo da adattarlo alle esigenze della stampa. Simplify3D è stato sviluppato per offrire una soluzione completa per la stampa 3D, che include anche la gestione delle code di stampa e la gestione degli errori. La gestione delle code di stampa consente di gestire più stampe contemporaneamente, in modo da ottimizzare il tempo di stampa. La gestione degli errori consente di gestire gli errori di stampa, come ad esempio l'interruzione della stampa o la rottura del filamento.

PrusaSlicer è un software di slicing open source sviluppato da Prusa Research, un produttore di stampanti 3D. È stato sviluppato appositamente per le stampanti 3D Prusa, ma è compatibile anche con altre stampanti 3D. Offre numerose funzionalità avanzate per la preparazione dei modelli 3D per la stampa 3D.

Conclusione

Come si evince, ci sono diversi software di slicing in circolazione, sia open source che commerciali, che offrono funzionalità avanzate per la preparazione dei modelli 3D per la stampa 3D. La scelta del software di slicing dipenderà dalle proprie esigenze e dalle caratteristiche della stampante 3D utilizzata.

Inoltre, ci sono anche altri software di slicing open source come Slic3r, Repetier-Host e OctoPrint, che offrono funzionalità ancora più avanzate.

Capitolo 5

Esempi di settaggi dello slicer

"La stampa 3D ci costringe a riflettere sulla natura dell'originalità, della riproducibilità e della proprietà intellettuale, e sulle sfide che queste problematiche pongono alla nostra società."

Lo slicing è un passaggio cruciale nel processo di stampa 3D, poiché converte il modello digitale in istruzioni comprensibili dalla stampante 3D. Utilizzare le impostazioni corrette di slicing è fondamentale per ottenere risultati di alta qualità, soprattutto quando si stampano oggetti complessi come statuette. In questo capitolo, esamineremo 3 esempi di impostazioni di slicing ottimali per stampare:

-Statuetta espositiva in PLA

-Ingranaggio soggetto a sollecitazioni meccaniche in PETG

-Piccolo pneumatico per una macchina radiocomandata (RC) in TPU

5.1 Statuetta espositiva in PLA

In questo capitolo, esamineremo le impostazioni di slicing ottimali per stampare una statuetta in PLA che è considerato uno dei materiali più comuni e facili da stampare nel campo della stampa 3D.

Temperatura del nozzle e del piatto riscaldato

La temperatura corretta del nozzle e del piatto riscaldato è essenziale per garantire una buona adesione tra gli strati e prevenire deformazioni. Per il PLA, la temperatura consigliata del nozzle varia solitamente tra

190°C e 220°C, a seconda del produttore e della composizione del materiale. Il piatto riscaldato, se presente, dovrebbe essere impostato tra 50°C e 60°C per garantire una buona adesione del primo layer di stampa.

Velocità di stampa

La velocità di stampa influisce sulla qualità e sulla precisione della statuetta. Per ottenere dettagli fini e una superficie liscia, è consigliabile utilizzare una velocità di stampa inferiore, intorno ai 30-50 mm/s. Tuttavia, è possibile aumentare la velocità di stampa per le parti meno dettagliate della statuetta, se si desidera ridurre il tempo complessivo di stampa.

Altezza del layer e parametri di shell

L'altezza del layer determina la risoluzione verticale della statuetta e, di conseguenza, il livello di dettaglio e la qualità della superficie. Per ottenere una finitura liscia e dettagliata, è consigliabile utilizzare un'altezza del layer compresa tra 0,1 mm e 0,2 mm. Per quanto riguarda i parametri di shell, impostare uno spessore di parete di almeno 0,8 mm (tipicamente 2 perimetri) per garantire una buona resistenza meccanica e una finitura superficiale uniforme.

Supporti e adesione al piatto

Le statuette spesso presentano geometrie complesse e parti sospese che richiedono l'uso di supporti. Per ottenere supporti facilmente rimovibili senza compromettere la qualità della stampa, regolare il flusso del supporto tra l'80% e l'85%. Per garantire una buona adesione del pezzo al piatto di stampa mantenerlo ad una temperatura costante di 60°, ma nel caso avete ancora problemi di adesione, utilizzate nastri adesivi appositi, uno strato di colla o un foglio di costruzione appositamente progettato per il PLA.

Riempimento e velocità di raffreddamento

Per una statuetta in PLA, un riempimento (infill) tra il 15% e il 20% è solitamente sufficiente per garantire una buona resistenza strutturale senza appesantire eccessivamente l'oggetto. Tuttavia, per parti particolarmente sottili o delicate, potrebbe essere opportuno aumentare il riempimento per garantire una maggiore stabilità. La scelta del modello di riempimento, come rettilineo, esagonale o giroscopico, dipende dalla forma della statuetta e dalle esigenze strutturali specifiche.

La velocità di raffreddamento è importante per evitare deformazioni e garantire una corretta formazione degli strati, soprattutto nelle parti sospese e nei dettagli più fini. Per il PLA, è consigliabile utilizzare una velocità di raffreddamento tra il 50% e il 100%, a seconda delle dimensioni e della complessità della statuetta. Iniziare con un raffreddamento più lento durante le prime fasi di stampa può migliorare l'adesione al piatto, mentre un raffreddamento più rapido nelle fasi successive può aiutare a mantenere la forma e i dettagli dell'oggetto.

Retrazione e impostazioni di viaggio
La retrazione è un parametro che controlla il ritiro del filamento durante gli spostamenti del nozzle, riducendo così la formazione di "stringing" o filamenti sottili tra le parti separate della statuetta. Per il PLA, impostare una distanza di retrazione di circa 4-6 mm e una velocità di retrazione di 25-50 mm/s è generalmente efficace.

Le impostazioni di viaggio, come la velocità di spostamento e il percorso del nozzle, possono influire sulla qualità della superficie della statuetta e sulla durata del processo di stampa. È consigliabile impostare una velocità di spostamento di circa 100-150 mm/s per ridurre il tempo di stampa senza compromettere la qualità. Inoltre, utilizzare un percorso di viaggio ottimizzato, come "combinare il percorso di viaggio" o "evitare gli oggetti stampati", può minimizzare la possibilità di collisioni e difetti superficiali.

5.2 Ingranaggio soggetto a sollecitazioni meccaniche in PETG

Il PETG è un materiale di stampa 3D noto per le sue eccellenti proprietà meccaniche e la sua resistenza chimica. È particolarmente adatto per la produzione di componenti che devono supportare sollecitazioni meccaniche e ambientali. In questo capitolo, esamineremo le impostazioni di slicing ottimali per stampare un ingranaggio in PETG.

Temperatura del nozzle e del piatto riscaldato

Per il PETG, la temperatura consigliata del nozzle varia solitamente tra 230°C e 250°C, a seconda del produttore e della composizione del materiale. Il piatto riscaldato dovrebbe essere impostato tra 75°C e 90°C per garantire una buona adesione della prima fase di stampa.

Velocità di stampa

Per ottenere ingranaggio di alta qualità e durata, è importante utilizzare una velocità di stampa moderata compresa tra 30 e 50 mm/s. Una velocità di stampa più bassa può migliorare la qualità della superficie e l'adesione tra gli strati, mentre una velocità più alta può aumentare il rischio di problemi di stampa e ridurre la resistenza meccanica dell'oggetto.

Altezza del layer e parametri di shell

L'altezza del layer determina la risoluzione verticale dell'ingranaggio e influisce sulla resistenza meccanica e l'efficienza dell'ingranaggio stesso. Si consiglia di utilizzare un'altezza del layer compresa tra 0,1 mm e 0,2 mm. Riguardo ai parametri di shell (spessore delle pareti esterne), impostare uno spessore di almeno 1,2 mm (tipicamente 3 perimetri) per garantire una buona resistenza meccanica e una finitura superficiale uniforme.

Supporti e adesione al piatto

Per il PETG, si consiglia di utilizzare supporti solubili o un'interfaccia di supporto facilmente rimovibile riducendo il flusso all'80%. Per garantire una buona adesione al piatto, utilizzare un foglio di costruzione appositamente progettato per il PETG o uno strato di colla sul piatto di stampa.

Riempimento e velocità di raffreddamento

Si consiglia di utilizzare un riempimento (infill) più elevato, tra il 50% e il 75%, a seconda delle esigenze specifiche dell'applicazione e del design dell'ingranaggio. La scelta del modello di riempimento, come rettilineo, esagonale o giroscopico, dipenderà dalla forma dell'ingranaggio e dalle esigenze strutturali specifiche. Un modello di riempimento denso può migliorare la resistenza e la durata dell'ingranaggio.

La velocità di raffreddamento per il PETG è un parametro cruciale da considerare. Un raffreddamento eccessivo può causare problemi di adesione tra gli strati e ridurre la resistenza dell'oggetto. Tuttavia, un raffreddamento insufficiente può causare deformazioni e problemi di qualità della superficie. Impostare una velocità di raffreddamento tra il 30% e il 50%, a seconda delle dimensioni e della complessità dell'ingranaggio.

Retrazione e impostazioni di spostamento
Per il PETG, impostare una distanza di retrazione di circa 4-8 mm e una velocità di retrazione di 30-60 mm/s.

La velocità di spostamento e il percorso del nozzle, possono influire sulla qualità della superficie dell'ingranaggio e sulla durata del processo di stampa. È consigliabile impostare una velocità di spostamento di circa 100-150 mm/s per ridurre il tempo di stampa senza compromettere la qualità. Inoltre, impostare un percorso di viaggio ottimizzato, come "combinare il percorso di viaggio" o "evitare gli oggetti stampati", può minimizzare la possibilità di collisioni e difetti superficiali.

5.3 Piccolo pneumatico in TPU per una macchina radiocomandata (RC)

Il TPU (poliuretano termoplastico) è un materiale di stampa 3D flessibile e resistente, ideale per realizzare componenti come pneumatici per macchine radiocomandate. In questo capitolo, esploreremo le migliori impostazioni di slicing per stampare un piccolo pneumatico in TPU per una macchina RC.

Temperatura del nozzle e del piatto riscaldato
Per il TPU, la temperatura consigliata del nozzle varia solitamente tra 220°C e 245°C, a seconda del produttore e della composizione del materiale. Il piatto riscaldato dovrebbe essere impostato tra 50°C e 70°C per garantire una buona adesione della prima fase di stampa.

Velocità di stampa

A causa della natura flessibile del TPU, è importante utilizzare una velocità di stampa più lenta rispetto ad altri materiali come PLA o PETG. La velocità consigliata è compresa tra 15 e 30 mm/s. Una velocità di stampa più bassa può migliorare la qualità della superficie e l'adesione tra gli strati, riducendo al contempo il rischio di inceppamenti e problemi di estrusione.

Altezza del layer e parametri di shell

L'altezza del layer dovrebbe essere impostata tra 0,1 mm e 0,2 mm per garantire una buona risoluzione e flessibilità. Per quanto riguarda i parametri di shell, impostare uno spessore di parete di almeno 0,8 mm (tipicamente 2 perimetri) per garantire una buona resistenza e una finitura superficiale uniforme.

Supporti e adesione al piatto

La maggior parte dei disegni di pneumatici per macchine RC non richiede l'uso di supporti. Tuttavia, se il tuo design specifico richiede supporti, è importante utilizzare impostazioni che permettano una facile rimozione dei supporti senza compromettere la qualità della stampa. Per garantire una buona adesione al piatto, utilizzare un foglio appositamente progettato per il TPU o una pellicola adesiva.

Riempimento e velocità di raffreddamento

Per pneumatici flessibili e resistenti, è importante utilizzare un riempimento (infill) moderato, tra il 20% e il 40%. La scelta del modello di riempimento, come rettilineo, esagonale o giroscopico, dipenderà dalla forma del pneumatico e dalle esigenze strutturali specifiche. Un modello di riempimento più flessibile, come il giroscopico, può migliorare la flessibilità e la resistenza all'usura dello pneumatico.

Poiché il TPU è un materiale flessibile e sensibile al calore, è essenziale trovare un equilibrio tra un raffreddamento sufficiente per mantenere la forma e l'adesione tra gli strati e un raffreddamento eccessivo che potrebbe causare problemi di adesione o deformazione. Per il TPU, è consigliabile impostare la velocità di raffreddamento tra il 30% e il 50%.

Retrazione e impostazioni di viaggio
A causa della flessibilità del TPU, la gestione della retrazione è cruciale per ridurre la formazione di "stringing" o filamenti sottili tra le parti stampate. Impostare una distanza di retrazione più breve, di circa 2-5 mm e una velocità di retrazione di 20-40 mm/s è generalmente efficace. Tuttavia, le impostazioni ottimali della retrazione possono variare in base alla stampante 3D e all'estrusore utilizzati, quindi potrebbe essere necessario sperimentare per trovare i valori migliori per una configurazione specifica.

Le impostazioni di viaggio, come la velocità di spostamento e il percorso del nozzle, possono influire sulla qualità della superficie dello pneumatico e sulla durata del processo di stampa. È consigliabile impostare una velocità di spostamento di circa 60-100 mm/s per ridurre il tempo di stampa senza compromettere la qualità. Inoltre, utilizzare un percorso di viaggio ottimizzato, come "combinare il percorso di viaggio" o "evitare gli oggetti stampati", può minimizzare la possibilità di collisioni e difetti superficiali.

Capitolo 6

Preparazione del modello per la stampa

"La stampa 3D ci sfida a pensare in modo più critico e creativo, a considerare nuove soluzioni e a esplorare nuove possibilità."

La stampa 3D è una tecnologia di produzione versatile, ma per ottenere risultati di alta qualità, è importante preparare correttamente il modello prima di iniziare la stampa. In questo capitolo, esploreremo i passaggi essenziali e i settaggi principali dello slicer per creare il modello fisico.

Orientamento del pezzo

La prima considerazione quando si prepara un modello per la stampa 3D è l'orientamento del pezzo. In generale, sarebbe opportuno posizionare il pezzo in modo che le sezioni più importanti siano orientate nella direzione migliore per la stampa. Ad esempio, se si sta stampando un pezzo con dettagli fini, sarebbe bene orientarlo in modo che questi dettagli si trovino in posizione verticale, in modo che il nozzle della stampante possa accedere facilmente ad ogni sezione.

Inoltre, l'orientamento del pezzo può influire sulla resistenza e sulla stabilità del modello finito. Se si sta stampando un oggetto che deve resistere a sollecitazioni o forze esterne, può essere utile orientarlo in modo che queste forze siano distribuite uniformemente su tutto il pezzo.

La presenza e l'entità degli sbalzi sul pezzo sono direttamente influenzati dalla direzione dell'orientamento scelto. In termini geometrici, l'orientamento dell'oggetto può influire significativamente sia sulle geometrie realizzabili, sia sulla qualità di particolari superfici.

L'orientamento ha anche un'influenza significativa sui tempi di stampa. Ad esempio, se un oggetto ha due dimensioni maggiori rispetto alla terza, stamparlo nella direzione più corta richiederà molti meno layer, ma ciascuno sarà molto grande. Al contrario, stamparlo in una qualsiasi delle altre due direzioni significherà avere molti layer, ciascuno con una piccola area. A seconda delle prestazioni della stampante, una delle due soluzioni potrebbe essere molto più veloce dell'altra.

In aggiunta, l'orientamento può influenzare sui costi di produzione. Con tecnologie come il SLS e il SLM, ad esempio, è necessario riempire l'intero volume con la polvere, quindi stampare un oggetto nella direzione corta richiederà molta più polvere, immobilizzando risorse economiche relativamente importanti.

Gestione dei supporti
Quando si prepara un modello per la stampa 3D, può essere necessario utilizzare dei supporti per garantire che il pezzo si mantenga stabile durante la stampa. I supporti sono strutture temporanee che sostengono parti del modello che altrimenti sarebbero in sospensione, e possono essere rimossi facilmente una volta che la stampa è completata.

La maggior parte degli Slicer includono strumenti per generare automaticamente i supporti in base alle esigenze del modello e **all'angolo di sbalzo** che si setta. Tuttavia, è importante considerare l'effetto dei supporti sulla superficie del pezzo finito. In genere, i supporti lasciano segni o tracce sulla superficie del pezzo, quindi è importante trovare un equilibrio tra la necessità di supporti e la qualità estetica del modello finito.

Quando si utilizzano i supporti, è importante considerare la loro posizione e il loro design. Essi devono essere collocati in modo che sostengano le parti critiche del modello senza interferire con le parti esterne. Inoltre, devono essere progettati in modo che siano facili da rimuovere una volta che la stampa è completa, senza danneggiare il modello finale.

In alcuni casi, può essere utile utilizzare supporti dissolventi. Questi sono realizzati con materiali solubili in acqua o in altri solventi e possono essere rimossi immergendo il pezzo in una soluzione appropriata. Questo tipo di supporto può essere utile per le parti interne del modello che sarebbero difficili da raggiungere con altri tipi di supporti.

In generale, sebbene siano necessari per garantire la stabilità del modello durante la stampa, è importante cercare di minimizzare l'uso dei supporti, dove possibile, per ridurre gli effetti negativi sulla superficie del pezzo finito. Ciò può essere fatto, ad esempio, orientando il pezzo in modo che le sezioni più importanti siano accessibili senza l'uso di supporti o utilizzando materiali di supporto che lasciano meno tracce sulla superficie del pezzo.

Brim, Skirt e Raft
In stampa 3D, il Brim, il Raft e il Skirt sono tecniche importantissime di adesione al piatto, utilizzate per garantire che il modello sia stabile e aderisca bene alla superficie durante i movimenti di stampa.

Il **Brim** è una tecnica in cui viene stampato un bordo piatto intorno al modello, il quale aiuta ad aumentare l'area di contatto tra il modello e la piattaforma di stampa. Questo aumenta la stabilità del modello e ne previene lo scivolamento durante la stampa.

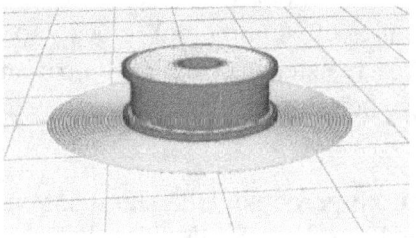

Il **Raft** è una tecnica in cui viene creato un sottile strato di materiale su cui viene poi stampato il modello. Questa tecnica è particolarmente utile per i modelli che hanno una piccola area di contatto con la piattaforma di stampa, poiché fornisce un'area più ampia per l'adesione del modello.

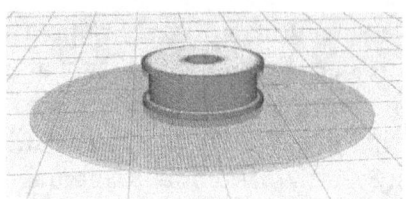

Lo **Skirt** è una tecnica in cui viene stampata una linea singola intorno al modello sulla piattaforma di stampa. Questo aiuta a verificare la corretta adesione del primo layer al piatto e previene eventuali problemi di estrusione del filamento.

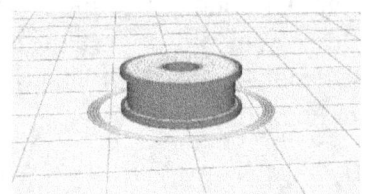

In generale, queste tecniche di adesione alla piattaforma di stampa sono utilizzate per garantire una stampa più stabile e di alta qualità. Gli utenti possono scegliere tra queste opzioni in base alle specifiche del modello e alle esigenze della stampante 3D utilizzata.

Temperatura di estrusione
La temperatura di estrusione varia a seconda del materiale utilizzato, influendo sulla qualità del modello finale. Ad esempio, alcuni materiali richiedono temperature di stampa più elevate per garantire la loro adesione e la loro resistenza, mentre altri materiali richiedono temperature più basse per evitare il collasso delle parti del modello.

Percorso
È possibile controllare il percorso della stampante lungo il modello. Ciò può influire sulla qualità e la stabilità della stampa, quindi è importante prestare attenzione a come il Slicer genera il percorso di stampa.

Densità di riempimento (infill)

La densità di riempimento indica la quantità di materiale utilizzata per riempire l'interno del modello durante la stampa. Una densità di riempimento elevata rende il modello più robusto, ma aumenta anche i tempi e i costi di stampa. Al contrario, una più bassa rende il modello più leggero e riduce i tempi di stampa, ma potrebbe compromettere la sua resistenza.

Compatibilità

Non tutte le stampanti 3D sono in grado di stampare tutti i tipi di materiali o di gestire determinate impostazioni di stampa. È importante selezionare le impostazioni appropriate per la specifica stampante utilizzata, al fine di garantire che il modello stampato sia di alta qualità e soddisfi le specifiche desiderate.

Verifica e correzione del modello

La verifica del modello prima della stampa può essere effettuata attraverso l'utilizzo di diversi software e strumenti di analisi. Ad esempio, alcuni software di slicing includono funzioni di analisi del modello per individuare eventuali problemi di geometria o di compatibilità con la stampante. In alternativa, ci sono anche software di modellazione specifici che possono essere utilizzati per analizzare e correggere eventuali problemi.

È importante assicurarsi che il modello sia compatibile con la stampante e che non ci siano parti che possano causare problemi di stampa. Ad esempio, parti troppo sottili o troppo lunghe potrebbero essere difficili da stampare o potrebbero risultare fragili o instabili. Inoltre, è importante controllare la presenza di parti in volo o in sospensione, che potrebbero richiedere l'utilizzo di supporti per la stampa.

In caso di errori o problemi, è possibile correggere il modello utilizzando gli strumenti di modellazione disponibili. Tuttavia, è importante ricordare che la correzione del modello può richiedere tempo e potrebbe essere necessario ripetere il processo di preparazione dello Slicer.

Infine, è possibile testare la stampa di un piccolo campione del modello prima di procedere con la stampa completa. Questo può aiutare a individuare eventuali problemi o imperfezioni e consentire di apportare eventuali correzioni prima di avviare la stampa completa.

Capitolo 7

Processo di stampa

"La stampa 3D ci spinge a considerare come la tecnologia possa essere utilizzata per il bene comune, per la tutela dell'ambiente e per la promozione di una società più giusta e sostenibile."

Questo capitolo si concentra sul processo di stampa 3D. Scopriremo le migliori pratiche e tecniche per ottenere risultati di alta qualità e garantire una stampa di successo.

Preparazione della stampante
Prima di iniziare la stampa, è fondamentale preparare adeguatamente la stampante. Questa fase è cruciale per garantire che il processo di stampa si svolga senza intoppi e che il pezzo finale sia di alta qualità. Ecco alcuni passaggi chiave per preparare la stampante 3D:

• Assemblaggio e calibrazione:
Se la stampante è nuova o è stata smontata per manutenzione, bisogna assicurarsi di assemblarla e calibrarla correttamente seguendo le istruzioni del produttore. La calibrazione comprende l'allineamento degli assi, la regolazione del piano di stampa e la taratura degli step del motore. Questi passaggi sono cruciali per garantire la precisione della stampa e ridurre al minimo gli errori.

• Pulizia del piano di stampa:
La superficie di stampa deve essere pulita, priva di polvere o residui di stampa precedenti. È bene utilizzare alcool isopropilico e un panno morbido per pulire la superficie e rimuovere eventuali tracce di materiale. Questo garantirà una migliore adesione del primo strato e ridurrà il rischio di distacco durante la stampa.

- Riscaldamento del piano di stampa e dell'ugello:

Prima di iniziare la stampa, è importante riscaldare sia il piano di stampa che l'ugello. Il riscaldamento del piano di stampa migliora l'adesione del materiale e riduce il rischio di deformazioni. L'ugello deve essere riscaldato alla temperatura raccomandata per il materiale scelto, in modo che il filamento possa fluire correttamente durante la stampa.

Caricamento del materiale

Una volta che la stampante è stata preparata, è il momento di caricare il materiale di stampa. Come riportato nei capitoli precedenti, esistono diversi tipi di materiali utilizzati nella stampa 3D, tra cui PLA, ABS, PETG e molti altri. Bisogna seguire queste linee guida per caricare correttamente il materiale:

- Scelta del materiale giusto:

In base all'oggetto che si desidera stampare e alle sue caratteristiche, come resistenza, flessibilità e temperatura di fusione, è importante scegliere il materiale più adatto consultando la documentazione della stampante e le specifiche del materiale.

- Inserimento del filamento:

Inserire il filamento nella stampante seguendo le istruzioni del produttore. Assicurarsi che il filamento sia inserito correttamente e che scorra liberamente. Prestare attenzione a eventuali nodi o grovigli nel filamento, in quanto possono causare problemi durante la stampa.

- Impostazione della temperatura:

Regolare la temperatura dell'ugello e del piano di stampa in base alle specifiche del materiale scelto. Consultare la documentazione del materiale per conoscere le temperature raccomandate per garantire una stampa di successo.

- Spurgo:

Far scorrere il filamento fuori dal nozzle fino a quando il nuovo sostituisce completamente quello vecchio. Questo aiuta a garantire che il nuovo filamento abbia una buona adesione e flusso all'interno del nozzle riducendo la possibilità di ostruzioni o interruzioni durante la stampa.

Livellamento del piatto di stampa

Nel mondo delle stampanti 3D, il corretto livellamento del piano di stampa riveste un'importanza cruciale per garantire la qualità e l'affidabilità del processo di stampa. Questo passaggio preliminare, spesso trascurato, è essenziale per stabilire una base solida e uniforme su cui verranno depositati gli strati successivi del materiale di stampa. Un piano di stampa ben livellato assicura che il primo layer aderisca correttamente alla superficie, evitando deformazioni, distacchi e altre imperfezioni che potrebbero compromettere l'integrità strutturale e l'estetica del prodotto finito. Inoltre, consente di ottimizzare l'uso del materiale di stampa, riducendo gli sprechi e aumentando l'efficienza del processo produttivo. Pertanto, investire tempo e attenzione nel livellamento del piano di stampa è fondamentale per ottenere risultati di stampa 3D di alta qualità e per assicurare un processo di stampa efficiente e senza problemi.

Il livellamento del piatto di stampa può essere eseguito sia manualmente sia automaticamente, a seconda delle caratteristiche della stampante 3D e delle preferenze dell'operatore.

- Livellamento manuale

Il metodo manuale richiede precisione e pazienza e prevede l'utilizzo di un foglietto di carta per valutare la distanza tra la superficie del piano di stampa e il nozzle. Per procedere, si posiziona il foglio di carta sul piano e si abbassa lentamente l'ugello fino a raggiungere una distanza tale che il foglio si muova leggermente, senza essere schiacciato o bloccato. Questa operazione va ripetuta in più punti del piano per garantire un livellamento omogeneo. Sebbene questo metodo sia più laborioso, permette all'operatore di avere un controllo diretto sul processo e di acquisire una maggiore sensibilità riguardo alle esigenze della stampante.

- Livellamento automatico

Disponibile su alcune stampanti 3D, utilizza sensori e algoritmi per rilevare e correggere automaticamente le irregolarità del piano di stampa. Questo metodo è più rapido e richiede meno intervento umano, offrendo una maggiore comodità all'operatore. Tuttavia, è importante notare che il livellamento automatico non è sempre perfetto e, in alcuni casi, potrebbe essere necessario effettuare ulteriori aggiustamenti manuali per ottenere risultati ottimali.

Indipendentemente dal metodo scelto, l'importanza del corretto livellamento del piano di stampa rimane fondamentale per garantire risultati di alta qualità e un processo di stampa efficiente.

Stampa
Dopo aver preparato la stampante e caricato il materiale, è il momento di iniziare la stampa. Ecco alcuni passaggi chiave da seguire durante il processo di stampa:

- Caricare il disegno 3D nello slicing:
Controllare che il modello sia posizionato correttamente sul piano di stampa e che tutte le dimensioni siano corrette.

- Settare lo slicing:
Regolare le impostazioni di slicing in base alle caratteristiche dell'oggetto che si desidera stampare e al materiale utilizzato. Queste impostazioni includono lo spessore del layer, la velocità di stampa, l'adesione al piano, l'infill e la generazione di supporti. Consultare la documentazione della stampante e le specifiche del materiale per determinare le impostazioni ottimali.

- Avviare la stampa:
Una volta configurate le impostazioni di slicing, esportare il file G-code e caricarlo nella stampante. Avviare la stampa e monitorare attentamente il processo, specialmente durante i primi strati, per assicurarsi che l'adesione al piano sia corretta e che non ci siano problemi.

- Monitorare il processo di stampa:

Controllare regolarmente la stampa per individuare eventuali problemi, come l'accumulo di materiale, il distacco dal piano o la presenza di difetti. In caso di problemi, interrompere la stampa, risolvere il problema e ripetere il processo.

Fine stampa
Seguire le seguenti linee guida per rimuovere il pezzo finito dal piatto ed, in seguito, eventuali supporti:

- Raffreddamento:
Lasciare raffreddare per bene il piano di stampa prima di rimuovere l'oggetto. Il raffreddamento consente al materiale di solidificarsi e riduce il rischio di deformazioni o danni durante la rimozione.

- Rimozione dall'area di stampa:
Utilizzare un raschietto o un utensile simile per rimuovere delicatamente l'oggetto dal piano di stampa. Fare attenzione a non danneggiare l'oggetto o il piatto stesso durante la rimozione.

- Eliminazione dei supporti:
Per rimuovere correttamente i supporti di stampa, vi suggerisco di ridurre drasticamente il "**flusso del supporto**" nel software di slicing. In pratica, cercate nella barra di ricerca del vostro software di slicing l'opzione "Flusso del supporto" e impostatelo tra l'80% e l'85%. Ciò vi permetterà di rimuoverli con maggiore facilità, poiché saranno composti da una minore densità di materiale, mantenendo comunque la loro funzione principale.

- Rifinitura e post-elaborazione:
Dopo aver rimosso i supporti, potrebbe essere necessario eseguire ulteriori operazioni di rifinitura per ottenere un aspetto liscio e pulito. Utilizzare carta vetrata, lime o utensili simili per levigare eventuali imperfezioni e migliorare l'aspetto dell'oggetto. A seconda del materiale e dell'oggetto, potrebbe essere necessario eseguire ulteriori passaggi di

post-elaborazione, come verniciatura, lucidatura o vapor smoothing (lisciatura a vapore).

Conclusioni

In conclusione, il processo di stampa 3D è un'arte che richiede attenzione ai dettagli e una comprensione approfondita delle tecniche e dei materiali coinvolti. Seguendo i suddetti passaggi, è possibile garantire una stampa di alta qualità e ottenere risultati soddisfacenti. Ricordarsi sempre di consultare la documentazione della stampante e le specifiche del materiale per garantire le migliori pratiche e ottenere il massimo dalla tecnologia di stampa 3D.

Capitolo 8

Diagnosi e soluzioni dei problemi di stampa più frequenti

"La stampa 3D ci insegna che anche nella perfezione del disegno e della tecnologia, l'imperfezione è sempre in agguato e il fallimento è solo una delle tappe necessarie verso il successo finale."

La stampa 3D, nonostante i suoi innumerevoli vantaggi e applicazioni, non è esente da sfide e problemi. In questo capitolo, esploreremo le diverse cause che possono portare al fallimento di una stampa 3D e forniremo consigli su come prevenirle o risolverle.

Mancata adesione al piano di stampa

Uno dei problemi più comuni nella stampa 3D è la scarsa adesione dell'oggetto al piano di stampa. Se l'oggetto non aderisce correttamente, è probabile che si stacchi o si distorca durante il processo di stampa, causandone il fallimento. Alcune possibili cause di questo problema includono:

- Distanza tra il nozzle e il piano di stampa:

Se il nozzle è troppo vicino o troppo lontano dal piano di stampa, l'adesione può risultare compromessa. Assicurarsi di regolare correttamente la distanza tra l'ugello e il piano di stampa prima di iniziare.

- Temperatura del piano di stampa:

Un piatto di stampa non abbastanza caldo può causare una scarsa adesione del materiale. Assicurarsi di impostare la temperatura appropriata in base al materiale utilizzato.

- Superficie del piano di stampa:

La superficie del piano di stampa può influenzare l'adesione. È importante utilizzare un piano di stampa adatto al materiale scelto e assicurarsi che sia pulito, privo di detriti e correttamente livellato.

Estrusione insufficiente o incoerente

L'estrusione è il processo attraverso il quale il filamento viene spinto attraverso il nozzle e depositato sul piano di stampa. Una estrusione insufficiente o incoerente può causare il fallimento di una stampa, poiché l'oggetto stampato risulterà fragile o incompleto. Le possibili cause di questo problema includono:

- Filamento ostruito:

Un filamento ostruito può causare problemi di estrusione. Controllare regolarmente il filamento e l'ugello per assicurarsi che siano privi di detriti o ostruzioni.

- Tensione dell'estrusore:

La tensione dell'estrusore è un altro fattore che può influenzare l'estrusione. Assicurarsi di regolare correttamente la tensione dell'estrusore per garantire un flusso costante di filamento.

- Temperatura del nozzle:

Una temperatura dell'ugello non corretta può causare problemi di estrusione. Verificare le specifiche del materiale utilizzato e impostare la temperatura dell'ugello di conseguenza.

Problemi di ritrazione

La ritrazione è il processo attraverso il quale il motore dell'estrusore ritira indietro il filamento durante uno spostamento della testina di stampa, questo per evitare di lasciare tracce di filamento tra le parti dell'oggetto stampato. Se la ritrazione non è ottimizzata, possono comparire difetti come filamenti sottili tra le parti dell'oggetto o cavità nelle pareti dello stesso. Le possibili cause di problemi di ritrazione includono:

- Velocità di ritrazione:

Una velocità di ritrazione troppo bassa può causare filamenti sottili tra le parti dell'oggetto stampato, mentre una velocità troppo alta può causare cavità nelle sue pareti. È importante sperimentare e trovare la velocità di ritrazione ottimale per il materiale utilizzato e la stampante 3D in uso.

- Distanza di ritrazione (o retrazione):

Non è altro che la misura, espressa in millimetri, del ritiro del filamento dal nozzle prima di uno spostamento. Se la distanza impostata è troppo breve, possono apparire filamenti sottili tra le parti dell'oggetto stampato. Al contrario, una distanza di ritrazione troppo lunga può causare cavità nelle pareti dell'oggetto. Regolare la distanza di ritrazione in base al materiale e alla stampante 3D utilizzata.

Distanza e velocità di ritrazione vengono entrambe impostate all'interno dello slicer.

Problemi di raffreddamento

Il raffreddamento è un aspetto cruciale della stampa 3D, poiché consente al materiale di solidificarsi correttamente durante il processo di stampa. Se il raffreddamento non è adeguato, l'oggetto stampato potrebbe presentare deformazioni, strati che non aderiscono correttamente o dettagli poco definiti. Le possibili cause di problemi di raffreddamento includono:

- Ventola di raffreddamento difettosa o ostruita:

Questo può causare un raffreddamento insufficiente. Verificare che la ventola funzioni correttamente e sia libera da detriti.

- Velocità di stampa eccessiva:

Se la stampante 3D si muove troppo velocemente, il materiale potrebbe non avere abbastanza tempo per raffreddarsi e solidificarsi correttamente. Ridurre la velocità di stampa può aiutare a migliorare il raffreddamento e la qualità della stampa.

Problemi di qualità o umidità del filamento
Un **filamento di bassa qualità** può causare problemi come ostruzioni dell'ugello, estrusione incoerente e vari difetti nell'oggetto stampato. Per evitare questi problemi, è importante utilizzare filamenti di alta qualità e conservarli correttamente per evitare l'assorbimento di umidità e l'esposizione a temperature estreme.

Il filamento deve essere conservato in modo adeguato al fine di evitare che assorba l'**umidità** dell'aria circostante. Un filamento umido può causare problemi durante la stampa, come ad esempio la formazione di bolle d'aria, la perdita di aderenza e la rottura del filamento stesso.

Per conservare il filamento in modo adeguato, è importante riporlo in un luogo fresco e asciutto, possibilmente in una busta sigillata o in un contenitore ermetico con l'assorbente dell'umidità. Inoltre, è consigliabile non aprire la busta di filamento fino al momento della stampa.

Se il filamento è già stato esposto all'umidità, esistono appositi essiccatori di filamenti, che consentono di eliminare l'umidità in modo efficiente.

Problemi di calibrazione e impostazioni del software
Infine, problemi di calibrazione della stampante 3D o impostazioni errate del software di slicing possono causare il fallimento di una stampa. È importante calibrare regolarmente la stampante e verificare che le impostazioni che inseriamo nello slicer siano appropriate per il materiale utilizzato e il modello da stampare.

In sintesi

Controllare regolarmente la stampante 3D, assicurandosi che sia pulita e priva di ostruzioni o parti danneggiate.

Utilizzare filamenti di alta qualità e conservarli correttamente per evitare problemi legati all'umidità e alle temperature estreme.

Calibrare la stampante 3D, regolando la distanza tra l'ugello e il piano di stampa, nonché la tensione dell'estrusore, per garantire un'adesione e un'estrusione ottimali.

Ottimizzare le impostazioni di ritrazione e raffreddamento, tenendo conto del materiale utilizzato e delle specifiche della stampante.

Sperimentare le diverse impostazioni del software di slicing per trovare le opzioni migliori per il materiale e il modello da stampare.

Prestare attenzione ai dettagli e monitorare attentamente il processo di stampa, intervenendo prontamente in caso di problemi.

Seguendo questi consigli e prestando attenzione ai dettagli, è possibile ridurre significativamente il rischio di fallimento delle stampe 3D e garantire la produzione di oggetti di alta qualità.

Capitolo 9

Lentezza della stampa 3d: Un dilemma Inevitabile?

"La stampa 3D ci invita a riflettere sulla relazione tra l'uomo e la macchina, e sulla questione della autonomia e della responsabilità nell'era dell'automazione."

Mentre la stampa 3D ha rivoluzionato il mondo della produzione, consentendo di realizzare oggetti complessi e personalizzati con un'unica macchina, un aspetto di questa tecnologia non è ancora stato del tutto risolto: la lentezza nel processo di creazione degli oggetti. Questo capitolo esaminerà le cause e le possibili soluzioni per cercare di ridurre il tempo di stampa.

9.1 Cause della lentezza nella stampa 3D

La lentezza nella stampa 3D può essere attribuita a diversi fattori: complessità dell'oggetto, risoluzione desiderata, temperatura e limitazioni meccaniche.

- **Complessità dell'oggetto**

La complessità di un oggetto si riferisce al numero di componenti e dettagli presenti nel modello. Più complesso è un oggetto, più tempo richiederà per essere stampato, poiché la stampante deve depositare strati di materiale in modo preciso e accurato. La necessità di supporti temporanei per le parti in sospeso può aggiungere ulteriori strati e aumentare il tempo di stampa.

- **Risoluzione desiderata**

La risoluzione è un altro fattore che influisce sulla velocità di stampa. Una risoluzione più elevata implica dei layer più sottili che richiedono più passaggi per costruire l'oggetto. Questo aumenta il tempo di stampa ma offre una migliore qualità e finitura superficiale.

- **Capacità termica e controllo della temperatura**

Un altro fattore che contribuisce alla lentezza del processo di stampa è la capacità termica e il controllo della temperatura. Durante la stampa, il materiale viene riscaldato fino a raggiungere la temperatura di fusione e poi raffreddato per solidificarsi. Questo processo di riscaldamento e raffreddamento richiede tempo e influenza direttamente la velocità di stampa. In particolare, alcuni materiali richiedono un raffreddamento più lento per evitare deformazioni o crepe nel pezzo finito, aumentando ulteriormente il tempo di stampa.

- **Limitazioni meccaniche delle stampanti**

Le limitazioni meccaniche delle stampanti 3D, come la velocità di movimento degli assi e la precisione degli stessi, possono anche influenzare il tempo di stampa. Le stampanti 3D utilizzano motori passo-passo per muovere l'estrusore e il piatto di stampa lungo gli assi X, Y e Z. La velocità e l'accelerazione di questi motori sono limitate per garantire precisione e affidabilità nel posizionamento. Pertanto, l'incremento della velocità di movimento può compromettere la qualità del pezzo stampato e causare problemi come scorrimento degli strati o eccessive vibrazioni.

9.2 Soluzioni possibili per ridurre il tempo di stampa

- **Tecnologie di stampa più veloci**

Le aziende stanno sviluppando nuove tecnologie di stampa 3D per accelerare il processo. Ad esempio, la stereolitografia a proiezione di luce (DLP) e la sintesi di luce digitale (CLIP) sono più veloci rispetto alla stereolitografia tradizionale (SLA), poiché utilizzano una sorgente luminosa per indurire rapidamente un'intera sezione dell'oggetto in una sola volta, invece di tracciare ogni singolo strato.

- **Ottimizzazione del modello e dei supporti**
L'ottimizzazione del modello 3D può ridurre il tempo di stampa. Ciò include la riduzione della complessità dell'oggetto, l'uso di strutture interne cave e l'orientamento ottimale dell'oggetto per ridurre al minimo i supporti necessari. L'uso di supporti generati automaticamente dal software di slicing può essere meno efficiente rispetto a supporti progettati manualmente o algoritmi più avanzati.

- **Utilizzare (se possibile) un nozzle con diametro superiore**
L'utilizzo di un nozzle con diametro più largo può essere una soluzione efficace per ridurre i tempi di stampa in quanto consente di depositare una quantità maggiore di materiale in un'unità di tempo. Tuttavia, come spiegato nei paragrafi precedenti, l'utilizzo di un nozzle con diametro maggiore va a scapito dei dettagli e della precisione di stampa.

- **Stampanti parallele e cooperative**
L'uso di più stampanti in parallelo può ridurre notevolmente il tempo di produzione per grandi quantità di oggetti. Inoltre, alcune stampanti 3D cooperative possono lavorare insieme su un unico pezzo, dividendo il lavoro e accelerando il processo.

- **Materiali avanzati e processi adattivi**
L'introduzione di materiali più avanzati e processi di stampa adattivi può contribuire a ridurre il tempo di stampa. Ad esempio, materiali con proprietà di indurimento più rapide possono diminuire il tempo necessario per la solidificazione tra gli strati. Allo stesso modo, l'implementazione di algoritmi adattivi che regolano automaticamente la risoluzione dello strato in base alla geometria dell'oggetto può ridurre il tempo di stampa senza compromettere la qualità generale.

- **Intelligenza artificiale e apprendimento automatico**
L'intelligenza artificiale e l'apprendimento automatico possono giocare un ruolo significativo nell'ottimizzazione del processo di stampa 3D. Ad

esempio, gli algoritmi di apprendimento automatico possono analizzare modelli 3D per determinare il miglior orientamento e la migliore disposizione dei supporti, migliorando l'efficienza del processo di stampa e riducendo il tempo necessario.

- **Integrazione di processi di produzione ibridi**

Un'altra soluzione per ridurre il tempo di stampa è integrare la stampa 3D con altri processi di produzione, come la fresatura CNC (Computer Numerical Control) o il taglio laser. Questi processi ibridi possono essere utilizzati per rimuovere rapidamente il materiale in eccesso o per rifinire superfici stampate in 3D, riducendo il tempo complessivo di produzione.

9.3 Prospettive future

Sebbene la lentezza nella stampa 3D rimanga un problema, l'innovazione continua e gli sviluppi tecnologici stanno lavorando per superare questo ostacolo. Con l'avvento di nuovi materiali, processi di stampa più veloci e l'uso di intelligenza artificiale, è probabile che il futuro della stampa 3D offra soluzioni più veloci ed efficienti per la creazione di oggetti.

In definitiva, affrontare la lentezza nella stampa 3D consentirà a questa tecnologia di diventare ancora più versatile e accessibile, espandendo ulteriormente il suo impatto su settori come l'ingegneria, l'architettura, la medicina e molto altro.

Capitolo 10

Finitura del modello appena stampato

"La stampa 3D ci costringe a riconsiderare la nostra idea di produzione, di distribuzione e di consumo, e a considerare come la tecnologia possa aprire nuove strade per una produzione locale e personalizzata."

Una volta completata la stampa di un oggetto, il processo di finitura è il passo successivo per trasformare il semplice modello grezzo in un prodotto finito, funzionale e esteticamente appagante. La finitura può includere operazioni di pulizia, levigatura, assemblaggio e verniciatura, a seconda delle esigenze specifiche del progetto. In questo capitolo, esploreremo i vari metodi di finitura disponibili e forniremo consigli su come ottenere risultati di alta qualità.

Rimozione del supporto e pulizia

Il primo passo nella finitura di un oggetto stampato in 3D è rimuovere eventuali supporti di stampa e residui di materiale. I supporti possono essere eliminati manualmente con pinze, scalpelli o altri utensili. È importante esercitare cautela durante questo processo per evitare di danneggiare il pezzo o di provocarci lesioni personali. Dopo aver rimosso i supporti, pulire l'oggetto con una spazzola morbida o con aria compressa per eliminare eventuali detriti rimasti.

Levigatura e lisciatura

La levigatura è un processo essenziale per eliminare le imperfezioni superficiali e ottenere una superficie liscia e uniforme. Iniziare con carta abrasiva a grana grossa e procedere con grane più fini fino a raggiungere la finitura desiderata. Per una lisciatura ulteriore, è possibile utilizzare metodi chimici o termici, come i vapori di acetone per l'ABS. Tuttavia, è fondamentale prendere le dovute precauzioni per evitare rischi per la salute o danni all'oggetto.

Assemblaggio e collaudo

Se l'oggetto stampato è composto da più parti, è necessario procedere all'assemblaggio. Utilizzare colla, viti o altri sistemi di fissaggio adeguati al materiale e alla funzione dell'oggetto.

Potrebbe essere necessario applicare uno stucco per pittura, comunemente utilizzato nella decorazione d'interni, sulle giunzioni tra i pezzi assemblati al fine di renderle invisibili. Questo processo consente di ottenere un aspetto più uniforme e professionale, nascondendo eventuali imperfezioni dovute all'assemblaggio e garantendo una transizione fluida tra le diverse parti dell'oggetto.
Dopo l'assemblaggio, verificare la corretta funzionalità delle parti mobili e la resistenza delle giunzioni.

Verniciatura e finiture superficiali

La verniciatura offre un'opportunità per personalizzare l'aspetto dell'oggetto stampato e proteggere la superficie dai danni esterni. Prima di verniciare, assicurarsi che la superficie sia pulita e asciutta. Applicare un primer specifico per la stampa 3D e, successivamente, procedere con la vernice acrilica o a base di solvente. Utilizzare pennelli o spray per ottenere una copertura uniforme e lasciare asciugare secondo le indicazioni del produttore.

Altre finiture superficiali possono includere l'applicazione di patine, metallizzazioni o rivestimenti protettivi per ottenere effetti specifici o migliorare le proprietà meccaniche dell'oggetto.

La finitura di un oggetto stampato in 3D richiede tempo, pazienza e abilità. Attraverso l'esperienza e la sperimentazione, è possibile sviluppare una comprensione più approfondita delle tecniche e dei materiali più adatti per ogni progetto. Considerare che la finitura può influenzare non solo l'estetica, ma anche le prestazioni e la durata dell'oggetto. Pertanto, è essenziale valutare attentamente i requisiti specifici e le aspettative del prodotto finito.

Abilità e competenze artistiche per dipingere una statua stampata in 3D

Dipingere una statua stampata in 3D richiede una combinazione di abilità artistiche e tecniche specifiche per ottenere risultati realistici e accattivanti. Di seguito, sono elencate alcune delle competenze fondamentali necessarie per padroneggiare questa forma d'arte:

- Conoscenza dei materiali:

È importante comprendere le caratteristiche dei materiali utilizzati nella stampa 3D, poiché ciò influenzerà la scelta dei prodotti di finitura e delle tecniche di applicazione. Ad esempio, alcune vernici potrebbero non aderire correttamente a determinati materiali o potrebbero essere necessari primer specifici per garantire una buona adesione.

- Preparazione della superficie:

Una preparazione adeguata della superficie è essenziale per garantire che la vernice aderisca correttamente e che il risultato finale sia privo di imperfezioni. Ciò può includere la levigatura, la pulizia e l'applicazione di un primer adeguato.

- Capacità di miscelazione dei colori:

Padroneggiare le tecniche di miscelazione dei colori è fondamentale per ottenere sfumature e tonalità precise, che contribuiscono a creare un aspetto realistico e coerente nella statua.

- Abilità di pittura a strati:

Applicare la vernice in strati successivi consente di creare effetti di profondità, ombreggiatura e dettaglio. Questa tecnica richiede pazienza e precisione, ma può portare a risultati sorprendentemente realistici.

- Tecniche di pittura a secco:

La pittura a secco è una tecnica in cui si utilizza un pennello con una quantità minima di vernice per evidenziare i dettagli in rilievo e le texture. Questa abilità è particolarmente utile per enfatizzare le caratteristiche scultoree delle statue stampate in 3D.

• Abilità di ombreggiatura:
Creare effetti di luce e ombra sulla statua può migliorare notevolmente il suo realismo e tridimensionalità. Padroneggiare queste tecniche aiuta a dare vita all'oggetto, rendendo i dettagli più visibili e aggiungendo profondità all'insieme.

• Precisione e controllo del pennello:
La capacità di controllare con precisione il pennello è fondamentale per dipingere dettagli minuti e ottenere un lavoro di pittura pulito ed efficace. La pratica costante e l'utilizzo di pennelli di alta qualità possono migliorare notevolmente queste abilità.

• Senso artistico e creatività:
Infine, un buon senso artistico e la capacità di sperimentare con tecniche e materiali diversi sono essenziali per sviluppare uno stile personale e per dare vita alla statua.

Dominare queste competenze può richiedere tempo e dedizione, ma l'impegno ripagherà con la creazione di opere d 'arte uniche e sorprendenti. La stampa 3D offre infinite possibilità ai creativi di esprimersi aprendo nuove opportunità e sfide artistiche.

Oltre a sviluppare queste abilità, è importante anche sperimentare con nuovi materiali, tecniche e strumenti per trovare ciò che funziona meglio per il proprio stile e le proprie esigenze. La collaborazione e la condivisione delle esperienze con altri artisti e appassionati di stampa 3D possono anche offrire preziosi spunti e suggerimenti per migliorare le proprie competenze e risultati.

Post-produzione e manutenzione
Una volta completata la finitura, è importante effettuare un'attenta ispezione dell'oggetto per assicurarsi che soddisfi le specifiche di progetto e le aspettative in termini di qualità e funzionalità. Eventuali difetti o problemi riscontrati possono richiedere ulteriori interventi di finitura o la riproduzione di parti danneggiate.

Infine, la manutenzione dell'oggetto stampato è un aspetto cruciale per garantirne la durata nel tempo. A seconda delle condizioni di utilizzo e del materiale, potrebbe essere necessario pulire, lubrificare o sostituire componenti soggetti a usura. Una corretta manutenzione contribuisce a preservare le prestazioni e l'estetica dell'oggetto, garantendo una maggiore soddisfazione e un valore duraturo.

In conclusione, la finitura di un oggetto stampato in 3D è un processo che richiede attenzione, cura e competenza. Dominare queste tecniche non solo migliorerà l'aspetto e la funzionalità dei prodotti stampati, ma contribuirà anche a sviluppare una maggiore consapevolezza delle sfide e delle opportunità offerte dalla stampa 3D. Attraverso la pratica e la dedizione, è possibile ottenere risultati straordinari che spingono i confini della creatività e dell'innovazione nel mondo della produzione additiva.

Capitolo 11

Applicazioni della stampa 3D

"La stampa 3D ci ricorda che ogni oggetto che creiamo ha una storia, un'origine, una funzione e una destinazione, e ci invita a considerare come la tecnologia possa essere utilizzata per raccontare e valorizzare queste storie."

La stampa 3D ha rivoluzionato la produzione e il design in svariati settori. Questo capitolo esplora alcune delle numerose sue applicazioni, dalle industrie tradizionali alle nuove frontiere della scienza e della medicina.

Prototipazione rapida

Come spiegato nei capitoli precedenti, una delle prime e più comuni applicazioni della stampa 3D è la prototipazione rapida. Grazie alla sua capacità di produrre rapidamente oggetti tridimensionali direttamente dai file CAD, la stampa 3D ha ridotto significativamente i tempi di sviluppo e i costi associati alla creazione di prototipi fisici.

Produzione di componenti e parti personalizzate

La stampa 3D offre la possibilità di produrre componenti e parti personalizzate su misura per una vasta gamma di settori, come l'automotive, l'aerospazio e la robotica. Questa tecnologia consente la realizzazione di geometrie complesse e strutture leggere che sarebbero difficili o impossibili da ottenere con i metodi di produzione tradizionali.

Modellismo e collezionismo

La stampa 3D è diventata popolare tra gli appassionati di modellismo e collezionismo per la sua capacità di produrre repliche dettagliate di oggetti e personaggi. Questo include modelli di treni, auto, action figure e diorami, consentendo ai collezionisti di creare pezzi unici e personalizzati.

Arte e design
Gli artisti e i designer stanno sfruttando la stampa 3D per creare opere d'arte uniche e innovative. Questa tecnologia permette di realizzare sculture complesse, gioielli, mobili e altri oggetti d'arte che sfidano i limiti della creatività e della produzione tradizionale.

Medicina e odontoiatria
La stampa 3D sta rivoluzionando la medicina e l'odontoiatria, consentendo la produzione di protesi, impianti e dispositivi medici su misura. Inoltre, la ricerca sta esplorando la possibilità di stampare tessuti e organi umani, aprendo la strada a nuove terapie e soluzioni per il trapianto d'organi.

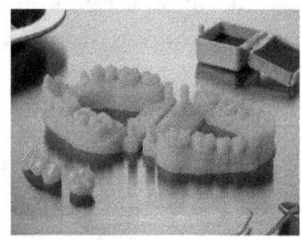

Soprattutto nel settore odontoiatrico ha rivoluzionato sia la diagnosi che il trattamento dei pazienti, migliorando la precisione, l'efficienza e l'esperienza del paziente. Di seguito sono riportate alcune delle principali applicazioni della stampa 3D in odontoiatria:

• Modelli dentali e ortodontici:
Possibilità di creare modelli dentali e ortodontici accurati e dettagliati, basati su scansioni intraorali digitali o impronte tradizionali. Questi modelli possono essere utilizzati per pianificare trattamenti, realizzare apparecchi ortodontici su misura e monitorare la progressione della terapia.

- Guide chirurgiche:

Produrre guide chirurgiche personalizzate che aiutano i dentisti e gli specialisti a posizionare gli impianti dentali con precisione. Queste guide vengono progettate utilizzando software di pianificazione implantare basati su immagini radiografiche 3D del paziente e consentono interventi meno invasivi e tempi di recupero ridotti.

- Protesi dentali e corone:

Le protesi dentali e le corone possono essere stampate in 3D utilizzando materiali biocompatibili e resistenti, come la resina o la ceramica. La stampa 3D offre una maggiore precisione e adattabilità rispetto ai metodi tradizionali di produzione, riducendo il tempo necessario per realizzare e adattare questi dispositivi.

- Apparecchi ortodontici:

Gli apparecchi ortodontici, come gli allineatori trasparenti, possono essere prodotti su misura utilizzando la stampa 3D. Questo processo consente una maggiore personalizzazione e comfort per il paziente, oltre a tempi di produzione più rapidi rispetto ai metodi tradizionali.

- Ponti e arcate dentali:

Ponti e arcate dentali su misura con una precisione e una resistenza elevate. Ciò può ridurre il tempo di adattamento e garantire una maggiore durata nel tempo dei dispositivi.

- Basi per protesi:

La stampa 3D può essere utilizzata anche per creare basi per protesi dentali rimovibili, che possono essere adattate con precisione all'anatomia del paziente. Questo migliora il comfort e la funzionalità della protesi, riducendo al minimo la necessità di regolazioni e riparazioni.

- Formazione e istruzione:

I modelli dentali stampati in 3D possono essere utilizzati per la formazione e l'istruzione degli studenti e dei professionisti

83

odontoiatrici, migliorando la comprensione delle strutture anatomiche e delle procedure cliniche.

Architettura e costruzione
L'architettura e il settore delle costruzioni stanno sperimentando l'uso della stampa 3D per la realizzazione di modelli architettonici e persino di intere strutture abitative. Questo potrebbe portare a una maggiore efficienza, sostenibilità e personalizzazione nel campo dell'edilizia.

Moda e abbigliamento
La stampa 3D sta trovando applicazione anche nel mondo della moda, con la creazione di accessori, scarpe e abiti stampati in 3D. Questi oggetti possono essere progettati con geometrie intricate e materiali innovativi, offrendo nuove opportunità per il design e la sostenibilità nel settore dell'abbigliamento.

Educazione e formazione
La stampa 3D è un'ottima risorsa per l'educazione e la formazione, consentendo agli studenti e ai professionisti di visualizzare e manipolare modelli fisici complessi. Questa tecnologia può essere utilizzata per creare repliche di fossili, modelli anatomici, strumenti di laboratorio e persino modelli di molecole, facilitando l'apprendimento e la comprensione di concetti difficili.

Cibo e gastronomia
Anche il settore alimentare sta sperimentando la stampa 3D, con la possibilità di creare piatti e ingredienti personalizzati. Questo può includere la stampa di dolci e cioccolato con forme intricate, la creazione di pasta con texture uniche o persino l'uso di ingredienti alternativi per soddisfare esigenze dietetiche specifiche.

Industria aerospaziale

La stampa 3D sta rivoluzionando l'industria aerospaziale grazie alla sua capacità di creare componenti leggeri e resistenti, riducendo il peso e i costi di produzione. I satelliti, i razzi e altri veicoli spaziali stanno già beneficiando di queste innovazioni e la stampa 3D potrebbe avere un ruolo cruciale nella futura esplorazione e colonizzazione dello spazio.

Sostenibilità e riciclo

La stampa 3D offre nuove opportunità per migliorare la sostenibilità e ridurre gli sprechi. Ad esempio, è possibile utilizzare materiali riciclati o biodegradabili per la produzione additiva, riducendo l'impatto ambientale. Inoltre, consente di produrre oggetti su richiesta, riducendo la necessità di magazzini e trasporti, e limitando gli sprechi dovuti alla sovrapproduzione.

Conclusione

Le possibili applicazioni della stampa 3D sono praticamente illimitate e continuano a evolversi e a maturare in un'ampia gamma di settori. La tecnologia sta rivoluzionando il modo in cui progettiamo, produciamo e interagiamo con gli oggetti che ci circondano, offrendo nuove opportunità per l'innovazione, la personalizzazione e la sostenibilità. Man mano che diventa sempre più accessibile e sofisticata, è probabile che assisteremo a ulteriori progressi e scoperte che continueranno a trasformare il nostro mondo.

Capitolo 12

Possibili scenari futuri della stampa 3D

"La stampa 3D ci spinge a considerare il potenziale di nuove tecnologie per l'apprendimento e la conoscenza, e a immaginare come queste possano trasformare il modo in cui impariamo, insegniamo e condividiamo le nostre conoscenze."

La stampa 3D ha già rivoluzionato diversi settori e il suo impatto continuerà a crescere nel prossimo futuro. In questo capitolo, esploreremo alcuni possibili scenari futuri di questo settore, toccando nuove applicazioni, progressi tecnologici e potenziali sfide che questa tecnologia affronterà.

Materiali avanzati

Con la continua ricerca e sviluppo di nuovi materiali di stampa, è probabile che assisteremo all'introduzione di materiali più avanzati e performanti. Ciò potrebbe includere materiali più resistenti e leggeri, materiali biocompatibili per applicazioni mediche, o materiali con proprietà elettriche o termiche uniche. Questi nuovi materiali amplieranno ulteriormente le potenzialità, aprendo nuove opportunità in vari settori.

Stampa 3D a livello molecolare e atomico

La stampa 3D potrebbe evolvere fino a raggiungere la capacità di manipolare la materia a livello molecolare o atomico, consentendo la creazione di oggetti e strutture con proprietà e funzioni mai viste prima. Questo sviluppo rivoluzionerebbe la nanotecnologia e potrebbe avere un impatto significativo in settori come l'elettronica, l'energia e la medicina.

Biotecnologie e stampa di tessuti e organi

La stampa 3D sta già facendo progressi nel campo delle biotecnologie, con la stampa di tessuti biologici e protesi personalizzate. In futuro, potremmo assistere alla stampa di organi umani funzionanti per trapianti, riducendo la dipendenza dalle donazioni di organi e salvando innumerevoli vite. Questo sviluppo potrebbe anche portare a nuove terapie rigenerative e alla creazione di organi artificiali per la ricerca e lo studio delle malattie.

Stampa 3D nello spazio

La stampa 3D potrebbe avere un ruolo cruciale nell'esplorazione e nella colonizzazione dello spazio. Le stampanti 3D potrebbero essere utilizzate per produrre strumenti, componenti e persino intere strutture abitative su altri pianeti, utilizzando materiali locali come il suolo marziano. Questo ridurrebbe la necessità di trasportare materiali e risorse dalla Terra, rendendo l'esplorazione spaziale più sostenibile ed economica.

A dimostrazione di ciò, nel 2014, gli astronauti a bordo della Stazione Spaziale Internazionale (ISS) si sono trovati di fronte a un problema: avevano bisogno di una specifica chiave a brugola che non era disponibile nella stazione. Invece di aspettare che la chiave venisse inviata dalla Terra con un rifornimento, la NASA ha deciso di sfruttare la potenza della stampa 3D. Gli ingegneri a terra hanno progettato un modello digitale della chiave e lo hanno inviato all'ISS, dove è stata stampata con successo utilizzando la stampante 3D Zero-G, appositamente progettata per funzionare in assenza di gravità. Questo episodio ha dimostrato non solo l'utilità della stampa 3D nello spazio, ma anche il potenziale di questa tecnologia per risolvere problemi in modo rapido e creativo, riducendo la dipendenza dai rifornimenti dalla Terra e aumentando l'autosufficienza degli astronauti in missioni spaziali.

Economia circolare e sostenibilità

La stampa 3D può contribuire a creare un'economia più circolare e sostenibile, riducendo gli sprechi e promuovendo il riutilizzo dei materiali. Le stampanti 3D potrebbero essere utilizzate per riparare e riciclare prodotti danneggiati o obsoleti, riducendo la quantità di rifiuti e conservando le risorse naturali. Inoltre, la produzione su richiesta e la personalizzazione potrebbero ridurre gli sprechi dovuti alla sovraproduzione e all'eccesso di inventario.

Stampa 3D e intelligenza artificiale
L'integrazione dell'intelligenza artificiale (IA) nella stampa 3D potrebbe portare a una maggiore automazione e ottimizzazione del processo di stampa. L'IA potrebbe essere utilizzata per migliorare la progettazione degli oggetti, identificare e correggere eventuali problemi di stampa in tempo reale e ottimizzare l'uso dei materiali e l'efficienza energetica. Questo sviluppo potrebbe aumentare ulteriormente la velocità e la precisione della stampa 3D, rendendola ancora più accessibile e conveniente.

Sfide etiche e legali
Con l'espansione delle applicazioni e delle capacità della stampa 3D, emergeranno nuove sfide etiche e legali. Ad esempio, la stampa di armi da fuoco, la violazione dei diritti d'autore e la contraffazione di prodotti potrebbero diventare problemi sempre più significativi. Sarà importante affrontare queste questioni attraverso una combinazione di regolamentazione, formazione e consapevolezza del pubblico per garantire che sia utilizzata in modo responsabile e sicuro.

Conclusione

I possibili scenari futuri della stampa 3D sono entusiasmanti e promettono di avere un impatto significativo su una vasta gamma di settori. Nonostante le sfide che questa tecnologia potrebbe affrontare, la stampa 3D ha il potenziale per trasformare il modo in cui viviamo, lavoriamo e interagiamo con il nostro ambiente. Man mano che la ricerca e lo sviluppo continuano a progredire, è probabile che assisteremo a ulteriori innovazioni e scoperte che amplieranno ulteriormente le possibilità della stampa 3D nel prossimo futuro.

Capitolo 13

Idee di business per guadagnare con la stampa 3D

"La stampa 3D ci offre la possibilità di trasformare la creatività in profitto, ma ci costringe anche a riflettere sulla natura stessa del valore, della proprietà e dell'equità in un mondo in cui la tecnologia è sempre più accessibile e la concorrenza è sempre più agguerrita."

13.1 Idee di business

La stampa 3D sta diventando sempre più accessibile e versatile, offrendo opportunità per guadagnare denaro e crearsi una seconda entrata economica. In questo capitolo, esploreremo diverse opzioni per sfruttarla per generare reddito e creare un'attività redditizia.

Vendita di oggetti e modelli stampati in 3D

Creare e vendere oggetti stampati in 3D, sia online che offline, è un modo popolare per generare entrate dalla stampa 3D. Puoi progettare e stampare prodotti unici e personalizzati, come gioielli, accessori, giocattoli, decorazioni per la casa e articoli di cancelleria. Piattaforme di vendita online come Etsy, eBay o Amazon Handmade offrono un'ottima vetrina per i tuoi prodotti e ti permettono di raggiungere un pubblico globale. Per avere successo in questo mercato è necessario essere sempre all'avanguardia nelle tecniche di stampa e nei materiali utilizzati. Inoltre, è importante saper promuovere i propri prodotti e servizi, facendo leva sulla qualità e sull'unicità delle proposte.

Servizi di stampa 3D su richiesta

Offrire servizi di stampa 3D su richiesta è un altro modo per guadagnare denaro con la stampa 3D. Puoi mettere a disposizione la tua stampante 3D e le tue competenze per stampare oggetti per clienti che non possiedono una stampante o che hanno bisogno di assistenza nella realizzazione dei loro progetti. Piattaforme come 3D Hubs, Treatstock o Fiverr ti permettono di registrarti come fornitore di servizi di stampa 3D e di ricevere richieste da clienti di tutto il mondo.

Progettazione e vendita di modelli 3D

Se hai competenze in modellazione 3D, puoi guadagnare denaro creando e vendendo modelli 3D pronti per la stampa. I clienti possono acquistare i tuoi modelli e stamparli con le proprie stampanti 3D. Siti web come Shapeways, MyMiniFactory e Cults offrono piattaforme per caricare e vendere i tuoi modelli 3D.

Corsi e formazione sulla stampa 3D

Se sei esperto di stampa 3D e desideri condividere le tue conoscenze, puoi guadagnare denaro offrendo corsi, workshop o consulenze sulla stampa 3D. Questo può includere l'insegnamento delle basi della stampa 3D, la formazione su specifici software di modellazione o la consulenza su progetti di stampa 3D complessi. Puoi offrire corsi nella tua comunità locale o creare corsi online attraverso piattaforme come Udemy o Skillshare.

Prototipazione rapida e servizi di ingegneria inversa

La stampa 3D è ideale per la prototipazione rapida e l'ingegneria inversa. Puoi offrire servizi di progettazione e stampa di prototipi per clienti che necessitano di sviluppare e testare rapidamente nuovi prodotti o componenti. Inoltre, puoi fornire servizi di ingegneria inversa, utilizzando la scansione 3D e la stampa 3D per ricreare pezzi danneggiati o obsoleti che potrebbero essere difficili o costosi da ottenere altrimenti. Questi servizi possono essere particolarmente utili per settori come l'aerospaziale, l'automotive, il design di prodotto e la manifattura.

Affiliazione e collaborazioni con produttori di stampanti 3D
Un altro modo per generare reddito è diventare un affiliato o collaborare con produttori di stampanti 3D e fornitori di materiali. Puoi guadagnare commissioni promuovendo e vendendo stampanti 3D, accessori e materiali di consumo attraverso il tuo sito web, blog o canali social media. Molti produttori offrono programmi di affiliazione che ti permettono di guadagnare una percentuale delle vendite generate tramite i tuoi link di riferimento.

Creazione di contenuti e blogging sulla stampa 3D
Se hai una passione per la stampa 3D e ami condividere le tue esperienze e conoscenze, puoi guadagnare denaro creando contenuti e blogging sulla stampa 3D. Puoi scrivere articoli, recensioni e tutorial sulle ultime tendenze, tecnologie e progetti di stampa 3D. Generando traffico verso il tuo sito web o blog, puoi guadagnare denaro attraverso la pubblicità, sponsorizzazioni e collaborazioni con aziende del settore.

Streaming e video sulla stampa 3D
Creare video e fare streaming in diretta delle tue sessioni di stampa 3D può essere un altro modo per guadagnare denaro. Piattaforme come YouTube e Twitch offrono opportunità per condividere le tue esperienze di stampa 3D, fornire consigli e interagire con una comunità di appassionati del settore. Man mano che la tua popolarità cresce, puoi guadagnare denaro attraverso la monetizzazione dei video, le donazioni degli spettatori e le collaborazioni con marchi e produttori di stampanti 3D.

13.2 Come calcolare un preventivo

Per calcolare un preventivo per una commissione di stampa 3D, è necessario tenere in considerazione diversi fattori che influiscono sul costo finale del progetto. Di seguito sono elencati alcuni aspetti fondamentali da valutare:

- Materiali:
Valuta il costo del materiale di stampa utilizzato (es. PLA, ABS, resina), tenendo conto del peso dell'oggetto finito e della quantità di materiale di supporto necessaria. Verifica i prezzi al dettaglio dei filamenti o delle resine e stima il consumo per il tuo progetto.

- Tempo di stampa:
Stima il tempo necessario per completare la stampa, che dipende dalla dimensione dell'oggetto, dalla risoluzione e dalla velocità della stampante. Il costo del tempo di stampa può essere calcolato in base al costo orario del tuo lavoro o del servizio offerto.

- Manodopera e post-elaborazione:
Considera il tempo impiegato per la preparazione del file di stampa, eventuali modifiche al modello 3D e la rimozione dei supporti. Valuta anche il tempo necessario per la rifinitura, come la levigatura, la verniciatura o l'assemblaggio di componenti.

- Costi di energia elettrica:
Stima il consumo di energia della tua stampante 3D e calcola il costo in base al prezzo dell'elettricità nella tua zona.

- Usura e manutenzione della stampante:
Tieni conto dei costi di manutenzione periodica e della sostituzione delle parti soggette a usura, come ugelli, piatti di costruzione e cinghie. Puoi calcolare questi costi dividendo il costo totale della manutenzione e delle parti di ricambio per il numero di ore di stampa previste per la vita utile della stampante.

- Margine di profitto:

Determina la percentuale di profitto che desideri ottenere dalla commissione di stampa. Questo margine ti aiuterà a coprire le spese generali e a generare un reddito dal tuo servizio di stampa.

- Spedizione e imballaggio:
Se prevedi di spedire l'oggetto stampato al cliente, considera i costi di spedizione e imballaggio. Questi costi dipendono dal peso, dalle dimensioni e dalla destinazione del pacco.

Una volta raccolte tutte queste informazioni, puoi procedere al calcolo del preventivo. Somma i costi dei materiali, del tempo di stampa, della manodopera, dell'energia elettrica, dell'usura e della manutenzione, e aggiungi il margine di profitto desiderato. Infine, aggiungi eventuali costi di spedizione e imballaggio per determinare il prezzo totale della commissione.

Ricorda che il mercato della stampa 3D può essere competitivo, quindi è importante essere consapevoli dei prezzi praticati da altri fornitori di servizi nella tua zona o online, per assicurarti di offrire un preventivo competitivo e realistico.

- Confronto con la concorrenza:
Effettua una ricerca sulle tariffe praticate da altri servizi di stampa 3D nella tua area geografica o su piattaforme online come 3D Hubs o Shapeways. Questo ti permetterà di posizionarti in maniera competitiva nel mercato e di offrire un valore aggiunto ai tuoi clienti.

- Valore aggiunto:
Considera se offrire servizi aggiuntivi che possano differenziarti dalla concorrenza, come la consulenza nella progettazione, la prototipazione rapida o la possibilità di utilizzare materiali e finiture speciali. Questi servizi possono giustificare un prezzo leggermente superiore, purché il cliente ne percepisca il valore.

Una volta completato il calcolo del preventivo, è importante comunicarlo al cliente in modo chiaro e trasparente, fornendo tutte le informazioni necessarie riguardo ai costi inclusi e ai tempi di realizzazione. Ricorda che un servizio professionale e la soddisfazione del cliente sono fattori fondamentali per garantire la crescita e il successo della tua attività di stampa 3D.

- Presentazione del preventivo:

Crea un documento formale che descriva in dettaglio i costi associati al progetto, i tempi di consegna e le specifiche tecniche. Assicurati di includere eventuali termini e condizioni, come le modalità di pagamento, le politiche di garanzia e i diritti di proprietà intellettuale.

- Comunicazione con il cliente:

Mantieni una comunicazione aperta e chiara con il cliente durante tutto il processo, dalla richiesta del preventivo fino alla consegna dell'oggetto stampato. Essere disponibile a rispondere alle domande e ad apportare modifiche al progetto, se necessario, ti aiuterà a costruire una relazione di fiducia e a garantire la soddisfazione del cliente.

Conclusione

La stampa 3D offre diverse opportunità per creare una seconda entrata economica e trasformare la tua passione in un'attività redditizia. Che tu scelga di vendere oggetti stampati in 3D, offrire servizi di stampa su richiesta, creare contenuti educativi o collaborare con aziende del settore, l'importante è sfruttare al meglio le tue competenze e conoscenze per generare reddito e contribuire alla crescente comunità di appassionati di stampa 3D.

Conclusione e Ringraziamenti

In conclusione, desidero ringraziare tutti coloro che mi hanno accompagnato e aiutato nella stesura di questo libro. La stampa 3D ha cambiato radicalmente la mia vita, e mi auguro che le esperienze e le conoscenze condivise in questo libro possano ispirare e motivare anche voi a esplorare questo straordinario universo.

Ricordatevi sempre di sperimentare, imparare dagli errori e condividere le vostre scoperte con gli altri. La stampa 3D è una tecnologia in continua evoluzione, e insieme possiamo contribuire a plasmarne il futuro. Non abbiate paura di sognare in grande e di osare: anche le idee più rivoluzionarie possono nascere da un semplice atto di curiosità.

Vi auguro tutto il successo possibile nel vostro percorso. Spero che un giorno di incontrarci di persona, magari in una fiera o una conferenza dedicata a questa affascinante tecnologia, e condividere le nostre storie ed esperienze. Fino ad allora, vi lascio con un sincero augurio di felicità, creatività e scoperte sorprendenti. Continuate a seguire le vostre passioni, a superare gli ostacoli e a cercare nuovi orizzonti.

Se avete domande, suggerimenti o semplicemente volete condividere le vostre esperienze nel campo della stampa 3D, non esitate a contattarmi. Sarò lieto di scambiare idee, consigli e di far parte della vostra rete di appassionati e professionisti del settore.

Infine, vi ringrazio per aver scelto di leggere questo libro e per aver dedicato il vostro tempo prezioso alle pagine che ho scritto con tanta passione e dedizione. Spero di avervi offerto un'esperienza gratificante e stimolante dal momento che siete voi la ragione per cui ho deciso di condividere la mia storia e le mie conoscenze.

Vi saluto con un caloroso arrivederci. Buona fortuna e buona stampa a tutti!

Salvatore Del Vecchio

www.ingramcontent.com/pod-product-compliance
Lightning Source LLC
Chambersburg PA
CBHW070407220526
45467CB00001B/500